NATURWISSENSCHAFTEN

Energie

Cornelsen

Autoren: Dr. Christel Bergstedt, Martin Erik Horn, Prof. Dr. Helmut F. Mikelskis, Dr. Rolf Winter
Herausgeber: Dr. Christel Bergstedt, Prof. Dr. Volkmar Dietrich, Prof. Dr. Klaus Liebers
Redaktion: Lutz Kasper, Dr. Andreas Palmer
Zeichnungen und Illustrationen: Rainer Dassow, Peter Hesse
Layout: Rainer Dassow
Einband und Typografie: Wolfgang Lorenz

Cornelsen online http://www.cornelsen.de

1. Auflage Druck 5 4 3 2 1 Jahr 07 06 05 04 03

Alle Drucke dieser Auflage sind inhaltlich unverändert und können im Unterricht nebeneinander verwendet werden.

Druck: Universitätsdruckerei H. Stürtz, Würzburg

ISBN 3-464-85168-0

Bestellnummer 851680

Gedruckt auf säurefreiem Papier, umweltschonend hergestellt aus chlorfrei gebleichten Faserstoffen.

Inhalt

1 Was ist Energie?

Energie ist überall. Energie ist ein Zauberwort unserer Zeit. Aber wie können wir Energie für uns nutzen? Welche Energieträger sind umweltfreundlich? Wie lange reichen die Energievorräte? Solche und andere Fragen rund um die Energie sollen in diesem Buch bearbeitet werden.

1

2

Experimente und Beobachtungen

Baue die Experimente A bis F auf oder stelle sie dir in Gedanken vor!
Benenne die jeweiligen Energiearten 1, 2 und 3!

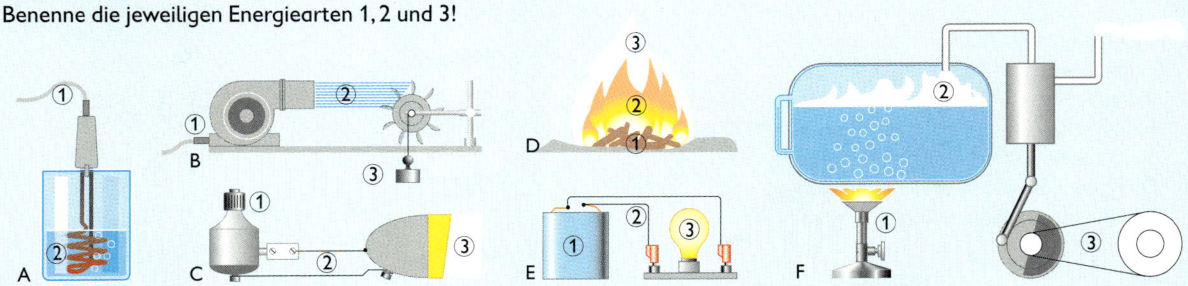

3

Aufgaben und Fragen

1. Mit den unterschiedlichen Energieträgern lassen sich verschiedene Energienutzungen realisieren. Dabei lassen sich Energieumwandlungsketten aufstellen, wie z. B. diese für ein Kohlekraftwerk: Stelle für die anderen Energieträger entsprechende Energieumwandlungsketten auf!

Kohle	→	Heizkessel	→	Turbine	→	Generator
chemische Energie	→	thermische Energie	→	Bewegungsenergie	→	elektrische Energie

2. Nenne jeweils mindestens einen Energiewandler zur Umwandlung der folgenden Energieformen:
   a) elektrische Energie → thermische Energie
   b) Bewegungsenergie → elektrische Energie
   c) Licht → elektrische Energie
   d) chemische Energie → elektrische Energie
   e) elektrische Energie → Licht
   f) Kernenergie → thermische Energie
   g) Lageenergie → Bewegungsenergie

Der Energiebegriff in den Naturwissenschaften

Man steckt voller Energie, man genießt den „energy drink“ oder man spart Energie. Die Politiker streiten um die Energieversorgung, die Wirtschaft klagt über zu hohe Energiepreise, Ingenieure entwickeln das Energiesparauto.
Was bedeutet Energie? Wo kommt der Begriff her? Welche Arten von Energie unterscheidet man? In Physikbüchern taucht Energie sehr häufig auf. In Chemie und Biologie spielt der Begriff Energie, wie in allen Naturwissenschaften, eine Schlüsselrolle.
Dass man so unterschiedliche Vorgänge und Erscheinungen wie fallende Steine, siedendes Wasser oder die Strahlung der Sonne unter dem gemeinsamen Gesichtspunkt der Energie betrachten kann, ist erst vor gut 150 Jahren endgültig bestätigt worden. Im Jahre 1842 gelang *Julius Robert Mayer* die verlustfreie Umwandlung mechanischer Energie in thermische Energie. Er war damit dem Prinzip der Energieerhaltung auf der Spur.
Energie ist also ein grundlegender Begriff der Naturwissenschaften, der es erlaubt, Erscheinungen und Gesetzmäßigkeiten zu beschreiben und besser zu verstehen.
Dabei unterscheidet man folgende Energieformen:

Energieformen		
Mechanische Energie	Lageenergie (potenzielle Energie) kann man einem Körper geben, indem man ihn hebt. Ihr Betrag hängt von der Höhendifferenz ab. Z. B. besitzt das Wasser in einem Stausee im Hinblick auf das tiefer liegende Kraftwerk Lageenergie, die durch Herabfallen in Bewegungsenergie (kinetische Energie) umgewandelt werden kann. Eine zusammengedrückte Sprungfeder enthält Spannenergie, die z. B. in Bewegungsenergie einer Kugel umgewandelt werden kann.	
Thermische Energie	Heißdampf, glühende Kohlen oder ein Tauchsieder können aufgrund ihrer hohen Temperatur die Umgebung erwärmen. Sie besitzen thermische Energie.	
Elektrische Energie	Generatoren erzeugen elektrische Energie. In Solarzellen wird Licht direkt in elektrische Energie umgewandelt.	
Chemische Energie	ist in Kohle, Erdöl oder Pflanzen enthalten. Durch Verbrennung, durch Feuer oder beim Stoffwechsel kann man sie nutzen. Auch in Batterien ist chemische Energie gespeichert.	
Strahlungsenergie	kann als Licht oder auch als Röntgen- oder radioaktive Strahlung auftreten und kommt aus Atomen.	
Kernenergie	oder Nuklearenergie genannt, kann durch Spaltung von Atomkernen gewonnen werden.	

Unterschiedliche Energieformen lassen sich ineinander umwandeln. Für Vorgänge in einem abgeschlossenen System gilt der **Energieerhaltungssatz:** „Die Gesamtenergie bleibt gleich. Es finden lediglich Umwandlungen zwischen unterschiedlichen Energieformen statt."

Dies ist eine rein physikalische Aussage. Denn unser Energieproblem im Alltag ist vom Verlust der Energie gekennzeichnet. Hat die Lampe geleuchtet oder der Gasherd Topf und Inhalt erhitzt, so ist die Nutzenergie verschwunden. Die Tatsache, dass sie sich als Wärme in der Umgebung wiederfindet, bestätigt zwar den Energieerhaltungssatz, aber einen Gebrauchswert für uns hat die Energie dann nicht mehr. Die verschiedenen Energieformen haben also einen unterschiedlichen Wert. Der Wert der Energie richtet sich danach,
- wie gut sie sich nutzen lässt,
- wie gut sie sich speichern lässt und
- wie leicht sie transportiert werden kann.

Nutzung der Energie. Bei der Nutzung von Energie tritt eine Umwandlung der Energie in eine andere Form auf. Wie gut sich die Energie nutzen lässt, hängt vom Wirkungsgrad ab, mit der die Energie umgewandelt werden kann.
Als Wirkungsgrad bezeichnet man den Anteil der Nutzenergie an der ursprünglich aufgewandten Energie bei Prozessen der Energieumwandlung. Das Formelzeichen für den Wirkungsgrad ist η (Eta). Er wird in Prozent (1% bis 100 %) oder als Zahl (0 bis 1) angegeben:

$$\eta = \frac{E_{nutz}}{E_{auf}}$$

- Die *elektrische Energie* hat einen besonderen Vorteil gegenüber den anderen Energieformen. Man kann sie mit einem hohen Wirkungsgrad direkt in andere Energieformen umwandeln und leicht an die Stellen transportieren, an denen sie gebraucht wird. Bei der Umwandlung von elektrischer Energie in thermische Energie oder mechanische Energie können Wirkungsgrade von nahezu 100 % erreicht werden.

- Auch die *mechanische Energie* ist eine hochwertige Energieform. Das zeigt sich darin, dass mechanische Energie mit einem Wirkungsgrad von über 90 % in elektrische Energie umgewandelt werden kann.

- Schließlich hat auch die *chemische Energie* einen hohen Wert. Ein Vorzug der chemischen Energie besteht darin, dass sie sich sehr gut speichern und über große Entfernungen transportieren lässt. So kann man Erdöl und Erdgas im Prinzip beliebig lange lagern und durch Pipelines über ganze Kontinente verteilen. Außerdem kann man mit chemischer Energie durch Verbrennung auf einfache Weise hohe Temperaturen erzeugen.

- Verglichen mit diesen drei Energieformen hat die *thermische Energie* einen geringen Wert. Die thermische Energie kann man zumeist nur mit einem geringen Wirkungsgrad in eine andere Energieform umwandeln. Man benötigt dazu Geräte wie Dampfkessel, Dampfturbinen oder Generatoren. Einen besonders geringen Wert hat die thermische Energie dann, wenn der Wärmespeicher eine niedrige Temperatur hat. So kann man mit heißem Wasser, das eine Temperatur von weniger als 100 °C besitzt, keine Dampfturbine betreiben.

Bei nahezu allen Energieumwandlungen und -übertragungen treten „Energieverluste" auf. Beispiele hierfür sind die Reibung, die Erwärmung von elektrischen Leitungen oder das Entstehen von heißen Abgasen in Benzinmotoren. Stets wird Wärme an die Umgebung abgegeben.

Möglichkeiten der Energieumwandlung

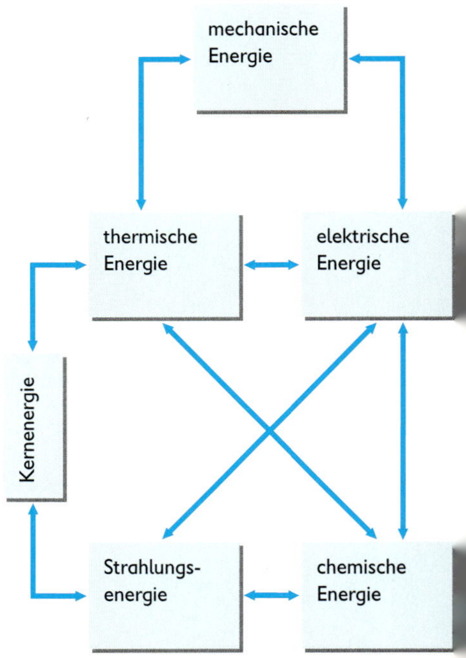

Wie lässt sich Energie speichern? Energie kann auf unterschiedliche Weise gespeichert werden. Mechanische Energie lässt sich besonders gut in Form von potenzieller Energie speichern. Das geschieht z. B. in Talsperren oder im oberen Speicherbecken von Pumpspeicherwerken. Auch die gespannten Federn von Uhren oder Spielzeugautos sind Speicher von mechanischer Energie. Kinetische Energie lässt sich für technische Anwendungen nur kurzzeitig speichern. Durch Reibung wird die Bewegung allmählich gebremst und mechanische Energie in thermische Energie umgewandelt.
Auch thermische Energie lässt sich nur für kurze Zeit speichern. Die thermische Energie von heißen Körpern gelangt nach und nach an die kältere Umgebung. So ist es z. B. nur mit sehr großem Aufwand möglich, im Sommer thermische Energie zu speichern, um sie im Winter für die Heizung zu nutzen. Im Erdöl und Erdgas ist viel chemische Energie gespeichert. Das Erdöl wird meist in großen Kesseln aufbewahrt. Erdgas wird oft in unterirdischen Hohlräumen gesammelt, die von einem gasdichten Gestein umgeben sind.
Die folgende Tabelle gibt einen Überblick über unterschiedliche technische Speichermöglichkeit der verschiedenen Energieformen:

Energieform	Speicherfähigkeit	Beispiel
potenzielle Energie	sehr gut	Pumpspeicherwerk
kinetische Energie	gering, nur kurzzeitig	Schwungräder
chemische Energie	sehr gut	Akkumulator
thermische Energie	gering, nur kurzzeitig	Thermosgefäß
elektrische Energie	sehr schlecht	Kondensator
Strahlungsenergie	keine	

1

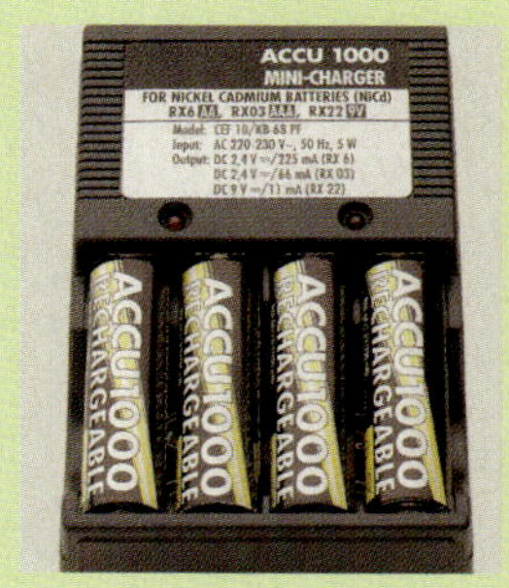

2

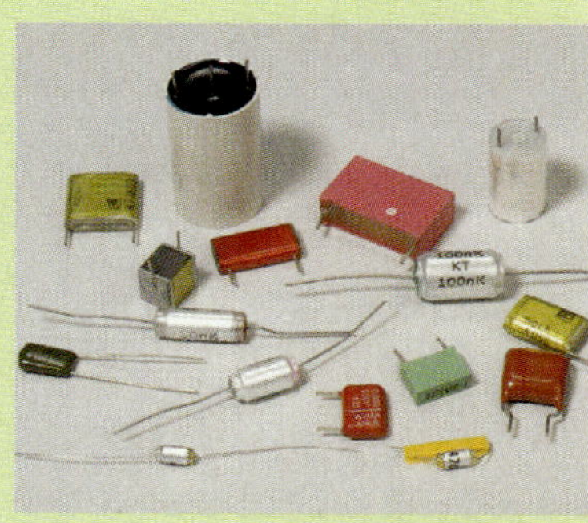
3

Wie lässt sich Energie transportieren? Thermische Energie kann auf unterschiedliche Weise von einem Körper zu einem anderen transportiert werden. Unterschiedliche Transportarten gibt es auch für andere Energieformen. Wenn man ein Rad antreiben will, braucht man es nicht direkt zu berühren. Stattdessen kann man ihm die Energie über einen anderen Körper zuführen. Dies kann eine Kette oder ein Stromkabel sein.

Ähnlich wird die thermische Energie von einem heißen Getränk über einen Teelöffel zur Hand *geleitet*. Von der Sonne gelangt Energie auf die Erde durch *Strahlung*. Bei der Zentralheizung erhält der Heizkörper die thermische Energie mit dem heißen Wasser. Das Elektrizitätswerk erhält die Energie mit der Kohle, das Auto mit dem Benzin und der Walkman mit der Batterie.

Über die Nahrung erhalten wir die für die Lebensvorgänge notwendige Energie. In diesen Fällen erhalten Körper Energie durch Stoffe, die selbst Energie besitzen, zumeist chemische Energie. Durch eine solche *Mitführung* kann Energie auch über große Entfernungen transportiert werden.

Energie kann auf verschiedene Arten übertragen werden:
- durch Leitung (elektrischer Strom, Seil, Stange),
- durch Mitführung (Kohle, Öl, Nahrung),
- durch Strahlung (Licht, Schall).

Energieversorgung bedeutet, dass Primärenergien in vielfältiger Weise in Nutzenergien umgewandelt werden. Viele der hier in der Übersicht enthaltenen Kraftwerke werden in diesem Buch vorgestellt.

1

Transport elektrischer Energie in Hochspannungsleitungen

2

Transport chemischer Energie in Pipelines

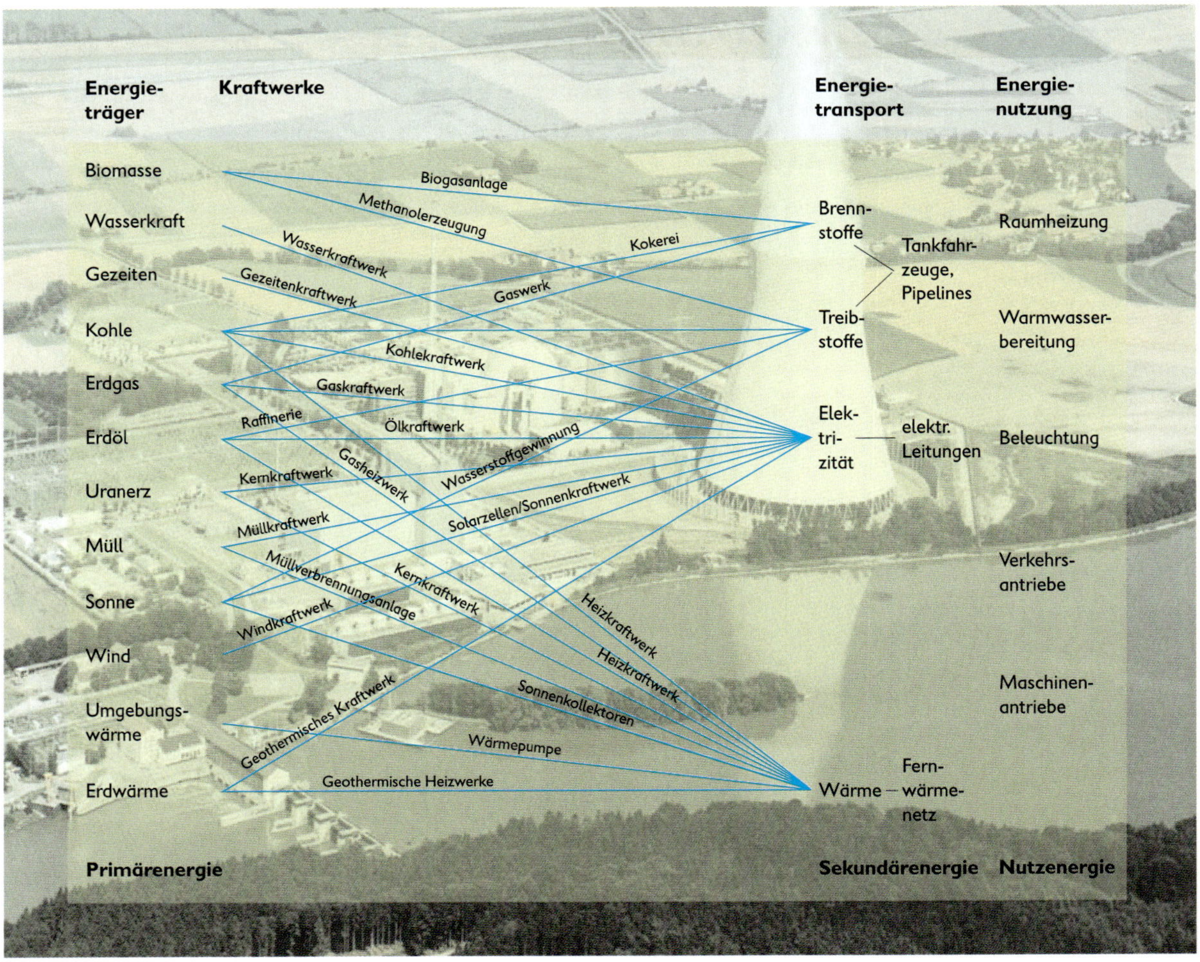

3

Betrachtet man die Energieversorgung, so taucht der Begriff „Energie“ in vielfältiger Weise auf:

- *Primärenergie* nennt man die Energie der unterschiedlichen Energieträger, wie man sie in der Natur vorfindet, wie z. B. Kohle, Erdöl, Wasser oder Wind.
- *Sekundärenergie* wird in der Regel in Kraftwerken aus den Primärenergien gewonnen, z. B: Brennstoffe, Elektrizität oder Wärme.
- *Nutzenergie* ist die dritte Stufe. Das ganze System der Energieversorgung dient schließlich immer dem Zweck, den Menschen zu nutzen. Wir wollen ein warmes und helles Zimmer, ein heißes Bad oder uns von Ort zu Ort fortbewegen. Mit welchem Energieträger das geschieht, ist uns dabei zunächst gleichgültig. Nutzenergie soll vor allem verfügbar, preiswert und einfach sein.

Dabei ist jedoch zu beachten, dass auf dem Weg von der Primärenergie zur Nutzenergie Umwandlungsverluste auftreten. Einige davon sind durch technische Maßnahmen zu verringern, z. B. durch Wärmedämmung. Andere sind physikalisch bedingt, wie die Begrenzung des Wirkungsgrades von Kraftwerken, die prinzipiell nicht vermeidbar ist.

Struktur der Energieversorgung. Schaut man sich den Primärenergieverbrauch in Deutschland der letzten Jahre aufgeschlüsselt nach Energieträgern an, so fällt auf:

- Mit einem Anteil von fast zwei Dritteln spielen Mineralöl und Erdgas eine dominante Rolle. Es handelt sich fast ausschließlich um Importe.
- Kohle deckt ein Viertel des Energiebedarfs. Dabei kann vorrangig auf inländische Vorräte zurückgegriffen werden.
- Kernenergie deckt nur 1/8 des Energiebedarfs.
- Alternative Energien spielen noch eine geringe Rolle.

Die erneuerbaren Energien machen weltweit nur einen geringen Anteil an der Versorgung aus (Bild 1). Aus ökologischen Gründen sollte sich dies in den nächsten Jahrzehnten ändern.

Primärenergieverbrauch nach Energieträgern in Deutschland (Anteil in %)

	1993	1997	2000
Steinkohle	15,0	14,0	13,5
Braunkohle	13,9	10,9	10,9
Mineralöl	40,2	39,5	38,7
Erdgas	17,8	20,7	21,1
Wasserkraft	0,4	0,4	0,6
Kernenergie	11,7	12,8	13,0
sonstige Energieträger	1,0	1,7	2,2
Gesamt in Mio. t SKE (Steinkohleeinheiten)	**488**	**497**	**484**

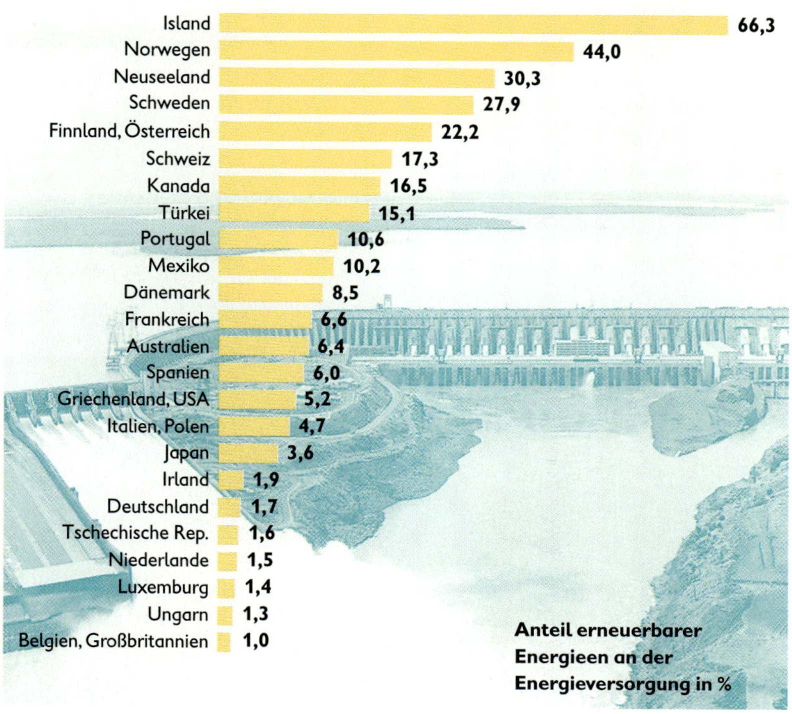

Anteil erneuerbarer Energieen an der Energieversorgung in %

1

2 Energie aus der Erde

97 Prozent des Primärenergiebedarfs in Deutschland wird durch „Energie aus der Erde" gedeckt: 39 % Erdöl, 24 % Stein- und Braunkohle, 21 % Erdgas und 13 % Kernenergie (Uran). Was sich in Millionen Jahren der Erdgeschichte als fossile Rohstoffe abgelagert hat, nutzen die Menschen seit 200 Jahren in großem Umfang zur Energieversorgung. Mit der industriellen Revolution begann der Kohletage- und Bergbau.

1

2

Experimente und Beobachtungen

Experiment 1: Heizwertbestimmung
Wie viel Energie enthält Petroleum?
Der Verbrennungsvorgang ist nur möglich, wenn Sauerstoff zugeführt wird. Die beim Verbrennen entstehende thermische Energie entspricht also der chemischen Energie eines Petroleum-Sauerstoff-Gemisches. Erhitzt man mit Petroleum eine bestimmte Menge Wasser und vernachlässigt auftretende Wärmeverluste an die Umgebung, so entspricht die Energie aus dem Petroleum der Energie des erwärmten Wassers:

$$E = c_W \cdot m \cdot \Delta T$$

c_W: spezifische Wärmekapazität von Wasser = 4,2 kJ/(kg · K)
m: Masse des erwärmten Wassers
ΔT: Temperaturerhöhung

Die Flamme sollte nicht rußen. Die Masse des verbrannten Petroleums lässt sich als Differenz vor und nach dem Brennen ermitteln.
Bestimme den Heizwert von Petroleum!

Vorschlag für eine Messwertetabelle:

Nr.	m_1	m_2	$m_p = m_1 - m_2$	m_W	T_1	T_2	$\Delta T = T_2 - T_1$
1							
2							

Vergleiche den gemessenen Heizwert mit den Angaben aus der Fachliteratur: Holz 4,5 kW · h, Steinkohle 8,5 kW · h, Petroleum/Benzin 14 kW · h.
Vergleiche das Ergebnis auch mit dem Wert bei Erhitzung der gleichen Wassermenge um die gleiche Temperaturdifferenz mithilfe einer elektrischen Heizplatte. Bestimme die elektrische Energie mit einem Elektrizitätszähler.

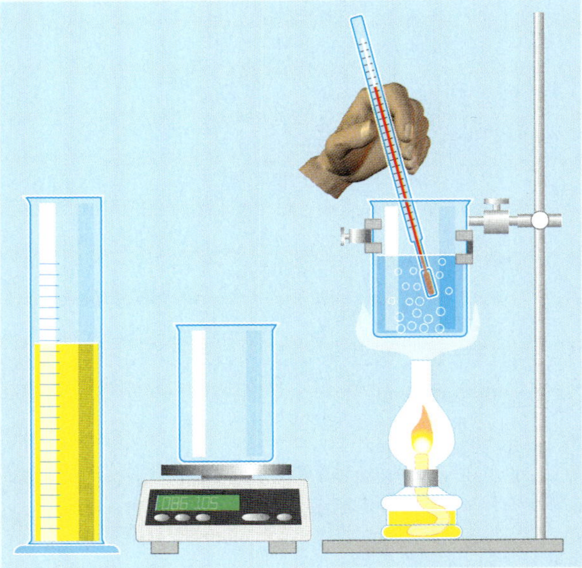
3

Zur Dampfmaschine

Experiment 2: Erhitze Wasser mit einem Bunsenbrenner und leite den Wasserdampf durch eine Düse auf ein selbst gebautes Schaufelrad!
Dies ist eine 400 Jahre alte Idee zur Energieumwandlung.

1

Experiment 3: In einer Dampfmaschine lässt sich die Elektrizitätserzeugung demonstrieren.
- Fülle heißes Wasser in den Kessel und heize ihn auf, bis sich das Schwungrad dreht!
- Treibe einen kleinen Dynamo an und bringe eine Glühlampe zum Leuchten!

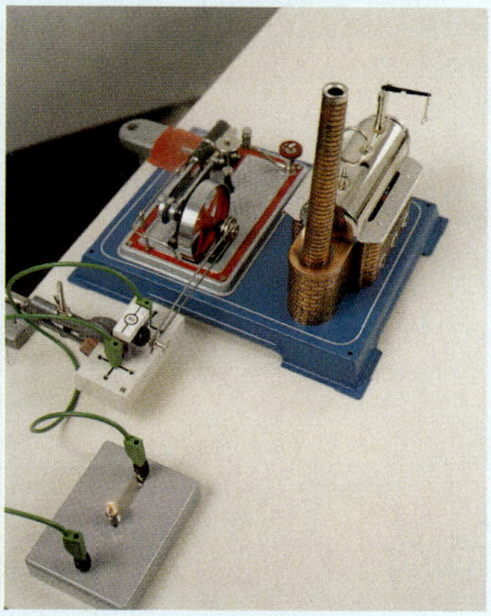
2

Zur Radioaktivitätsmessung

Experiment 4: In einem Kernkraftwerk entstehen große Mengen radioaktiver Stoffe. Über die Eigenschaften der Radioaktivität kann man experimentelle Erfahrungen gewinnen. Barium-137 ist ein radioaktives Nuklid. Die Zeit, in der sich die Hälfte der radioaktiven Atomkerne unter Aussendung von Strahlung umwandelt, wird Halbwertszeit genannt. Dieser für Barium-137 charakteristische Wert soll gemessen werden.
1. Bestimme mit einem Geigerzähler die Impulsrate der natürlichen Umgebungsstrahlung!
2. Lass dir vom Lehrer ca. 2 ml Flüssigkeit mit Ba-137 geben und beginne sofort alle 30 s die Impulsanzahl abzulesen!

Trage die Messergebnisse in eine Tabelle ein!

Zeit in min	0	0,5	1	1,5
Impulsanzahl	0			
Zunahme der Impulsanzahl				

Berechne die Zunahme der Impulsanzahl jeweils in 0,5 min (Differenz) und trage sie in die dritte Zeile der Tabelle ein! Stelle den Zusammenhang von der Impulsrate und der Zeit grafisch dar und bestimme die Halbwertszeit!

Nachweis der schädlichen Wirkungen von Schwefeldioxid auf Pflanzen

Experiment 5: Angefeuchtetes blaues Lackmuspapier sowie Pflanzenblätter und Nadelholzzweige werden in ein Becherglas gebracht. Ein ca. 4 cm langer Schwefelfaden wird im Porzellanschälchen angezündet, ins Becherglas gestellt und sofort mit der Glasplatte abgedeckt.

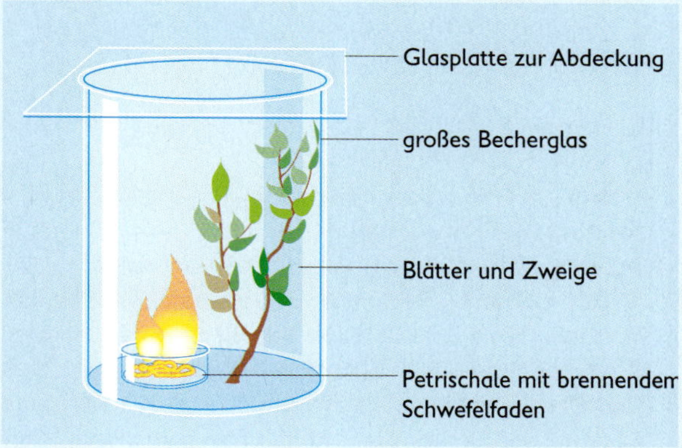

3

Stelle Effekte an den Pflanzenteilen fest und beachte die unterschiedlichen Wirkungen bei den einzelnen Arten. Beschreibe deine Beobachtungen!

Einfluss von Stickstoffoxiden auf das Wachstum von Gartenkresse

Experiment 6: Lege zwei Petrischalen mit drei Lagen Rundfiltern aus Papier aus und befeuchte sie mit Wasser. Lege Kressesamen aus und lass diese keimen. Bringe nach dem Keimen der Samen die Petrischalen in verschließbare Bechergläser (Bild 1, S.12)!
In ein Becherglas wird zusätzlich eine Glasschale gebracht mit 1 g Kupferwolle, die mit 10 ml verdünnter Salpetersäure beträufelt wird. Das zweite Becherglas dient der vergleichenden Kontrolle.

Beurteile nach zwei Tagen das Wachstum der Keimlinge und deren Farbe. Beschreibe die Unterschiede!

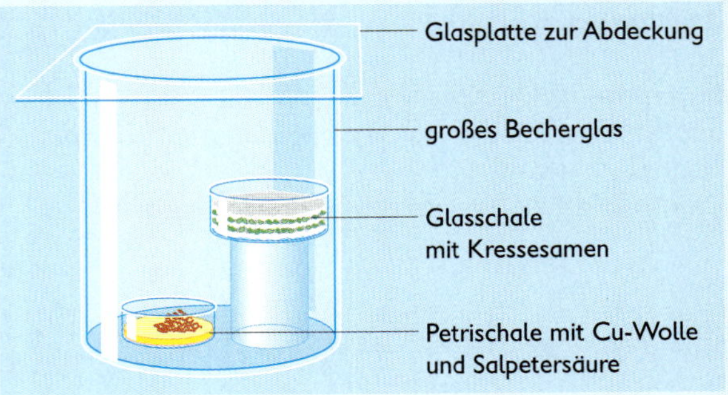

1

Aufgaben und Fragen

1. Bild 2 zeigt die Energieumwandlung in einem Kohlekraftwerk.

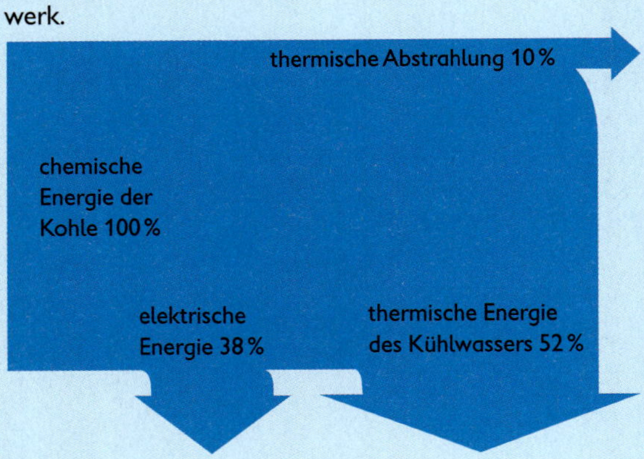

2

   a) Wie viel Prozent der eingesetzten Energie führt zur Erwärmung des Kühlwassers?
   b) Wie groß ist der Wirkungsgrad des Kraftwerks?
2. Nenne möglichst viele fossile Energieträger. Ermittle ihre Vorräte und die Zeit, für die sie ungefähr noch ausreichen. Betrachte dabei die Situation weltweit und in Deutschland!
3. Das chemische Element Kohlenstoff C spielt die zentrale Rolle bei den fossilen Brennstoffen. Erläutere diesen Sachverhalt und gib Beispiele!
4. Welche Umweltprobleme treten bei der Verbrennung von Kohle und Erdöl auf? Wie lassen sie sich verringern oder vermeiden?
5. Welche Risiken und Gefahren sind mit der Nutzung der Kernenergie verbunden?
6. Als eine Möglichkeit zur Verminderung der CO_2-Produktion erscheint der Ausbau der Kernenergie.
   a) Nenne Gründe, die diese Position stützen!
   b) Nenne Gründe, die dagegen sprechen!
   c) Fertige ein Pro-contra-Poster an!
7. Vergleiche die Funktionsweise eines Kernkraftwerks mit der eines Kohlekraftwerks: Nenne Gemeinsamkeiten und Unterschiede!
8. Wo und wie wird in Deutschland geothermische Energie genutzt?

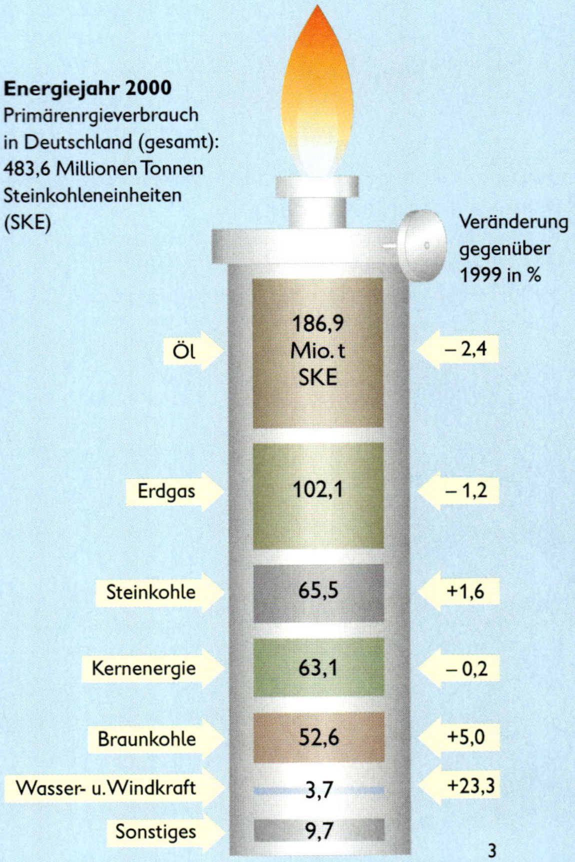

3

9. a) Wie groß ist der Anteil fossiler Energieträger in Prozent?
   b) Welche Perspektiven bestehen für die Zukunft fossiler Energieträger?
10. Ein Kohlekraftwerk hat eine Leistung von 200 MW, ein Kernkraftwerk von 1 000 MW und ein großer Windenergiekonverter von 2 MW.
    a) Wie viele Kohlekraftwerke oder Windenergiekonverter müsste man bauen, um alle Kernkraftwerke zu ersetzen?
    b) Warum ist eine solche Rechnung nur theoretisch und praxisfern?

Fossile Energieträger: Kohle, Erdöl, Erdgas

Die fossilen Energieträger sind im Laufe der letzten Millionen Jahre der Erdgeschichte entstanden, lange bevor es Menschen gab. Abgestorbene Bäume der Wälder und andere Pflanzen versanken in Sümpfen und verfaulten. Die so entstandenen Ablagerungen wurden zusammengepresst. Es entstand Kohle – die jüngere Braunkohle und die ältere Steinkohle. Erdöl und Erdgas entstanden vor allem aus abgestorbenen Kleinstlebewesen auf dem Grunde von Gewässern.
Chemisch betrachtet ist der Hauptbestandteil der fossilen Energieträger der Kohlenstoff C.

	Steinkohle	Braunkohle	Erdöl	Erdgas
Kohlenstoff	90 %	60 %	80 %	80 %
Wasserstoff	5 %	5 %	20 %	20 %

Die Angaben sind Mittelwerte. Alle fossilen Energieträger sind Gemische aus vielen Stoffen, auch Verunreinigungen aller Art.

Kohle wird seit vielen Jahrhunderten auf der ganzen Welt zum Heizen verwendet. Seit etwa 200 Jahren ist sie die wichtigste Energiequelle. Die größten Kohleförderer sind China, die USA und Russland. Danach folgen Deutschland, Australien, Indien, Korea und Polen. Steinkohle wird unter Tage in Gruben bis zu 1 500 Metern Tiefe abgebaut. Sie ist älter und härter als Braunkohle, die im Tagebau gewonnen wird.

1

Heizkraftwerk auf Kohlebasis

Mit der Nutzung von Kohle begann der Siegeszug von Dampfmaschinen in Kraftwerken und Lokomotiven. Bei der Verbrennung fossiler Brennstoffe entsteht daraus Kohlenstoffdioxid CO_2. Vereinfacht lässt sich die Reaktion beschreiben:

$$C + O_2 \longrightarrow CO_2 + \text{Energie}$$

CO_2 ist ein natürlicher Bestandteil der Atmosphäre. Sein Volumenanteil an der Lufthülle beträgt 0,036 Prozent. Trotz seines geringen Anteils beeinflusst CO_2 das Klima entscheidend. Durch die Emissionen beim Verbrennen von fossilen Energieträgern nahm die CO_2-Konzentration in den letzten 100 Jahren von 0,028 % auf 0,036 % zu. Dadurch kann sich aufgrund der Verstärkung des Treibhauseffekts die mittlere globale Temperatur um einige Grad erhöhen. Das Abschmelzen des Eises an Nord- und Südpol wäre die Folge. Der Meeresspiegel würde sich um einige Meter erhöhen, mit verheerenden ökologischen Folgen für weite Landgebiete,

die dann unter Wasser geraten würden. Deshalb versucht man den CO_2-Ausstoß zu reduzieren. Die weltweite Klimaschutzkonferenz hat das Ziel, diesem globalen Umweltproblem entgegenzuwirken.
Die Umweltbelastungen durch Verbrennung von Kohle sind schwerwiegend und vielfältig. Die Abgase aus dem Schornstein enthalten neben dem CO_2 auch Stickstoffoxide (NO_x) und Schwefeldioxid (SO_2). Seit hundert Jahren werden zunehmend größere Mengen dieser Gift- und Schadstoffe in die Luft geblasen. Erst die Filtertechniken haben in den letzten Jahren eine zunehmende Luftverschmutzung zumindest in den Industriestaaten gebremst.
Heute beklagt man das Waldsterben als Folge des sauren Regens. Mit dem Regen gelangen die Luftschadstoffe direkt in unsere Umwelt. Hier liegt auch eine Langzeitwirkung der Abgase, insbesondere des Schwefeldioxids, aus Kohlekraftwerken vor. Auch das Auftreten von Smog in den Ballungszentren ist mit auf die Abgase der Kohlekraftwerke zurückzuführen. Aber es gibt eine Vielzahl von Filtermöglichkeiten und Verfahren der besseren Verbrennung von Kohle. Sie sind bekannt und technisch einsatzreif. Aber nur weltweite rechtliche Vorschriften könnten die globale Schadstoffbelastung mindern.

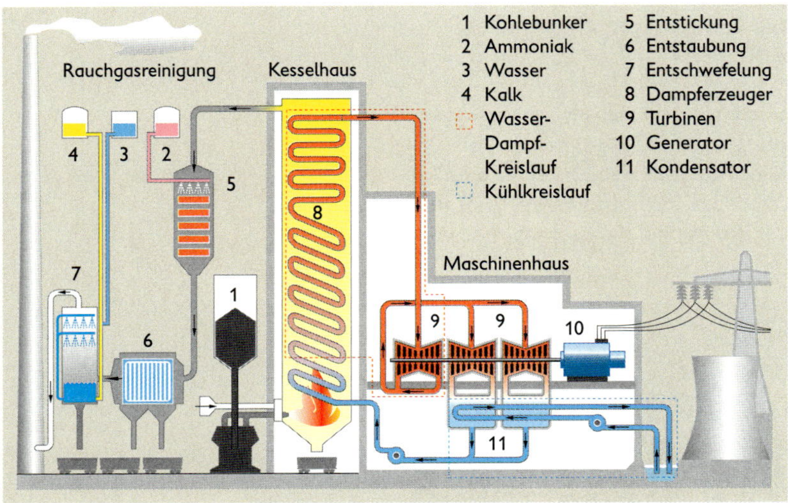

1

Schematische Darstellung eines modernen Kohlekraftwerkes

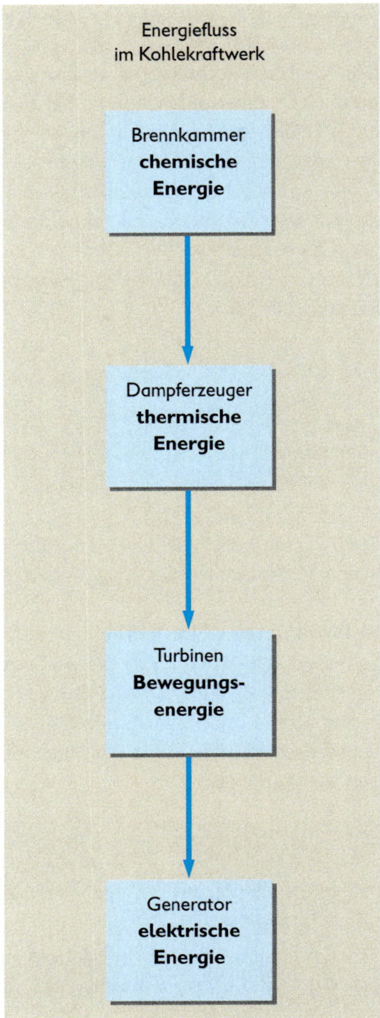

Eine umweltfreundliche Kohleverbrennungstechnik, die auch einen hohen Wirkungsgrad hat, ist die Wirbelschichtfeuerung: Kohle wird zu Körnern (6 bis 8 mm) gemahlen und auf einem Luftwirbelbett schwebend verbrannt. Es wird etwa 8 % gemahlener Kalk zugeführt, der den in der Kohle enthaltenen Schwefel zusammen mit dem Luftsauerstoff zu Gips bindet. Dadurch ist eine Entschwefelung von über 95 % möglich. Die Menge der erzeugten Stickstoffoxide wird dadurch verringert, dass bei Wirbelschichtfeuerung bei Temperaturen zwischen 800 und 900 °C verbrannt wird, in herkömmlichen Kraftwerken bei Temperaturen bis zu 1 500 °C. Stickstoffoxide entstehen aber erst ab etwa 900 °C, und umso mehr, je höher die Temperatur ist. Den Staub kann man fast vollständig durch verschiedene Filtersysteme zurückhalten.

Erdöl, auch Mineralöl genannt, hat die Welt verändert. In Deutschland ist es mit fast 40 % Anteil an der Energieversorgung unser wichtigster Primärenergieträger. Vor allem im Verkehr wird es als Treibstoff eingesetzt. Kraftwerke mit Öl als Energieträger werden in Deutschland nur noch geringfügig für die Spitzenlast betrieben. Da das Erdöl auch ein wertvoller Rohstoff für die chemische Industrie ist und seine Vorräte begrenzt sind, erscheint seine Verfeuerung sehr unvernünftig.

Erdöl besteht aus Kohlenwasserstoffverbindungen. Es wird als Rohöl aus der Erde gefördert. Dazu sind Bohrungen von über 2 000 m Tiefe notwendig, um an die ölgefüllten Hohlräume zu gelangen. Häufig befinden sich die Ölfelder im Meer. Die Förderplattformen ragen dann bis zu 400 m aus dem Wasser (Bild 1, S. 10).
In den Ölraffinerien werden durch chemische Verfahren die nutzbaren Bestandteile getrennt: Benzin, Diesel, Schmieröl, Petroleum, Teer usw.

Erdgas wird ebenfalls als fossiler Brennstoff aus den Tiefen der Erde gewonnen. Es ist eine Mischung von Gasen, vor allem Kohlenwasserstoffen: Methan, Ethan, Propan und Butan. Das Erdgas lagert in porösem Gestein wie in einem Schwamm, eingeschlossen von undurchlässigen Deckschichten.
Als Flüssiggas, unter hohem Druck, lässt es sich in Spezialbehältern transportieren.

Uran als Spaltmaterial in Kernkraftwerken. Über ein Drittel der Elektrizität stammt in Deutschland aus Kernkraftwerken. Es sind 20 Kernkraftwerke am Netz trotz vieler Proteste, Demonstrationen und Gerichtsverfahren, trotz einer Vielzahl von Bedenken und kritischer Fragen:

- Ein Atomkraftwerk gibt im Normalbetrieb geringe Mengen radioaktive Stoffe an die Umgebung ab.
- Störfälle, ein GAU (Größter anzunehmender Unfall) oder gar das Durchschmelzen des Reaktorbehälters (Super-GAU) sind nicht auszuschließen. In Tschernobyl (Ukraine) kam es 1986 zur großen Katastrophe mit Tausenden Toten, Verletzten und bis heute an den Folgen leidenden Menschen.
- Niemand auf der ganzen Welt weiß, wo der Atommüll, der über Hunderttausende von Jahren radioaktiv strahlt, sicher gelagert werden kann. Die Atomindustrie lastet den kommenden Generationen eine Bürde auf, die ohne Beispiel in der Geschichte ist.
- Alle Staaten, in denen sich Kernkraftwerke in Betrieb befinden, besitzen dadurch einen leichten Zugang zu spaltbarem Material, um daraus Kernwaffen herzustellen. Angesichts der vielen kriegerischen Konflikte auf der Welt bedeutet das ein zusätzliches, unberechenbares Risiko.

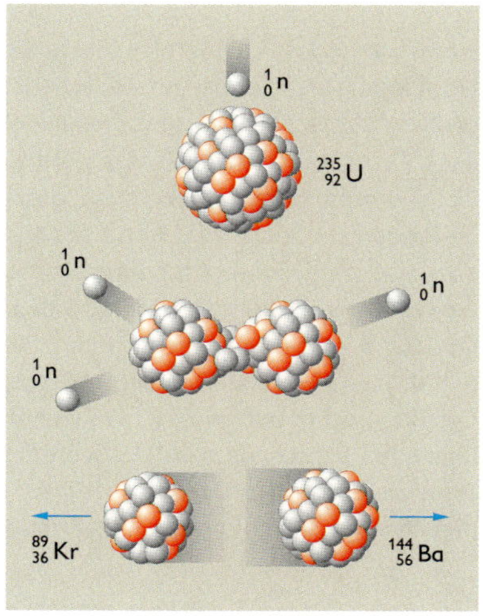

1
Kernspaltung am Beispiel U-235

Wie funktioniert ein Kernkraftwerk? Es gibt Atomkerne von chemischen Elementen, wie den des Urans, die sich durch Beschuss mit einem Neutron in zwei etwa gleich große Kerne (z. B. Barium und Krypton) spalten lassen (Bild 1). Dabei handelt es sich um die Uransorte Uran-235. Diese kommt im natürlichen Uran, das man aus Erzen im Bergbau gewinnt, nur mit einem Anteil von 0,7 % vor. Für die Verwendung in Kernkraftwerken muss der U-235-Anteil auf 3 bis 5 % in speziellen Fabriken angereichert werden. Bei der Kernspaltung entsteht neben radioaktiver Strahlung thermische Energie.
Die Kernspaltung wurde 1938 von *Otto Hahn* und *Friedrich Strassmann* entdeckt und ist 1945 erstmals bei der Atombombe angewandt worden. Ist eine unkontrollierte Spaltung erst in Gang gesetzt, so setzt sie sich, wenn genügend spaltbares Uran in der Nähe ist (kritische Masse), lawinenartig in einer Kettenreaktion fort. Dadurch ist eine verheerende Explosion zu erzeugen. Dazu benötigt man aber einen Uran-235-Anteil von über 70 %. Im Kernkraftwerk läuft die Spaltung kontrolliert und mithilfe der Regelstäbe gesteuert ab. Eine atomare Explosion wie bei der Atombombe ist allein schon wegen des zu geringen U-235-Anteils ausgeschlossen. Es gibt mehrere technische Ausführungen von Kernkraftwerken. Alle bisher in der Bundesrepublik in Betrieb befindlichen sind Leichtwasserreaktoren, bei denen man die beiden Varianten Siedewasser- und Druckwasserreaktor unterscheidet.
Beim *Siedewasserreaktor* bringt die bei der Kernspaltung des Urans in den Brennelementen freigesetzte Wärme das Wasser im Kernreaktor zum Verdampfen (400 °C). Der Dampf treibt eine Turbine an. Der angeschlossene Generator erzeugt den elektrischen Strom. Ein Kernkraftwerk ist also im Prinzip ein Wärmekraft-

2
Kernkraftwerk Isar 2

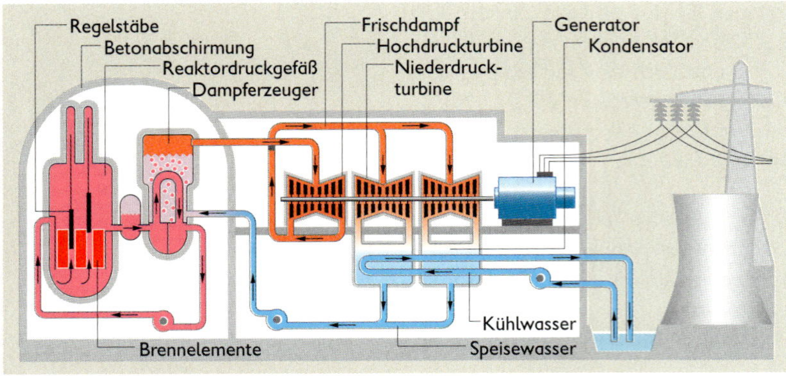

1

Schematischer Aufbau eines Druckwasserreaktors

werk wie jedes Kohlekraftwerk, mit all den Problemen der Abwärme. Nur dass hier ungeheure Mengen an Radioaktivität im Inneren des Reaktors und des Wasserkreislaufs vorhanden sind, die niemals durch ein Leck ins Freie geraten dürfen.
Beim *Druckwasserreaktor* ist noch ein zweiter Kreislauf mit einem Dampferzeuger als Wärmetauscher dazwischen geschaltet. Siede- und Druckwasserreaktoren benötigen als Spaltstoff Uran-235, das zu 0,7 % im Uranerz vorhanden ist. Weltweit sind die Uranvorräte aber nicht größer als die von Erdöl oder Erdgas. Der Einsatz von Kernenergie kann also das Energieproblem nicht dauerhaft lösen.
Die Bundesregierung hat im Jahr 2000 mit den Betreibern der Kernkraftwerke (KKW) eine Vereinbarung für die schrittweise Beendigung der Atomenergie in Deutschland getroffen. Auf der Grundlage von 32 Jahren Laufzeit sind u. a. Restlaufzeiten festgelegt worden. Beide Seiten haben den Ausstieg zum Bestandteil eines neuen Energiekonsens' erklärt. Damit sind die Voraussetzungen für eine Neuordnung in der Energiepolitik gelegt.

2

Anti-KKW-Demonstration

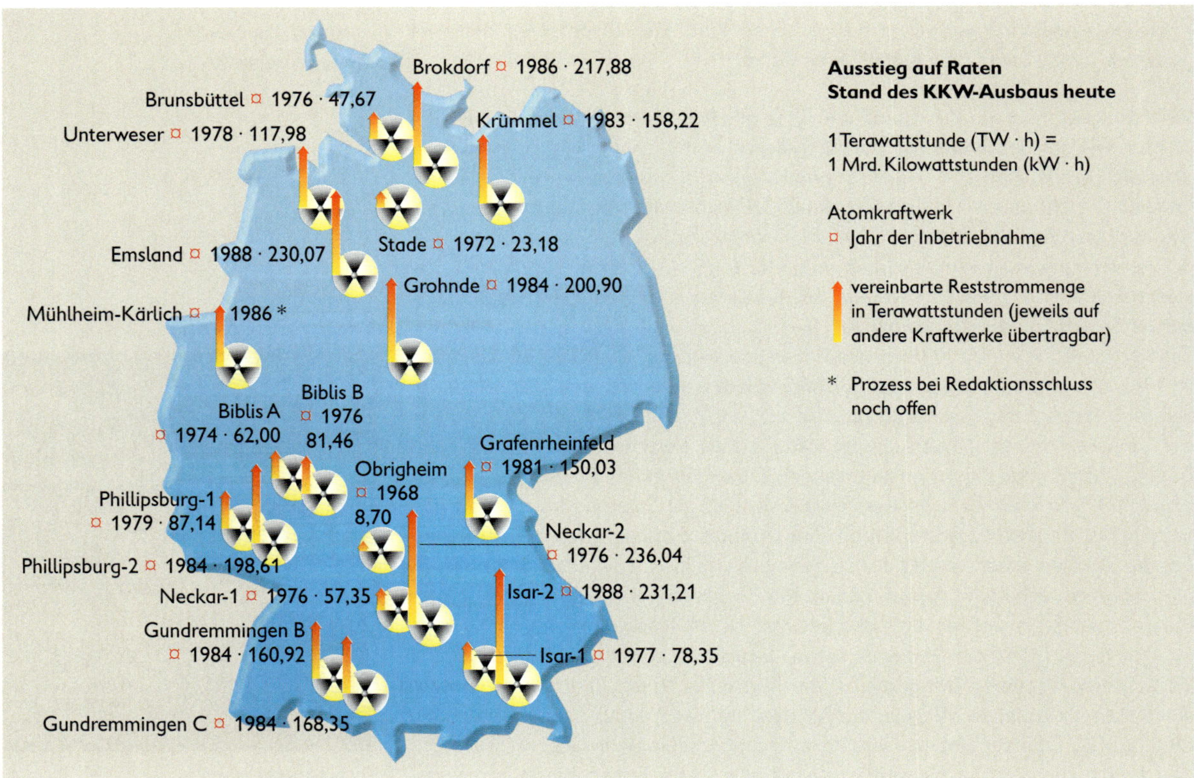

3

Geothermische Energienutzung

Als geothermische Energie oder Erdwärme bezeichnet man den Wärmestrom, der aus dem Erdinneren an die Erdoberfläche dringt. In ca. 20 m Tiefe herrscht in der Erde, unabhängig von Jahreszeit und Wetter, eine Temperatur von etwa 10 °C. Bisher hat man bei Bohrungen maximal etwa 10 km Tiefe erreicht und weiß, dass im Durchschnitt in der Erdkruste je 100 m Tiefe die Temperatur um 3 °C zunimmt. Für den Erdmittelpunkt (6 370 km von der Oberfläche) schätzt man 3 000 °C bis 10 000 °C.

Aufbau und physikalische Struktur des Erdinnern

	Temperatur in °C	Druck in kbar	Dichte in g/cm³
obere Kruste	< 25	> 0	< 3,0
untere Kruste	< 900	9	3,3
oberer Mantel	900 – 1 400	15	4,6
unterer Mantel	1 400 – 2 500	400	5,7

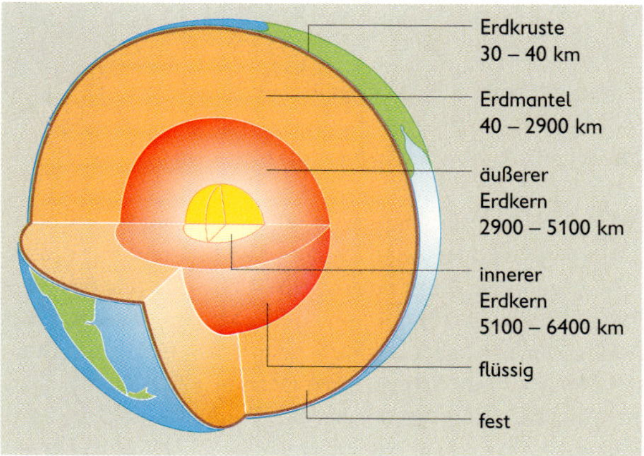

1

Das gesamte Erdwärmepotenzial der Erde bis 10 km Tiefe ist tausendmal größer als alle Kohlevorräte zusammen. Zur Nutzung ist es aber nur an solchen Stellen auf der Erde wirtschaftlich, wo Temperaturen von einigen hundert Grad bereits in geringer Tiefe vorhanden sind. Denn Bohren ist teuer. In Lardarello (Italien) gewinnt man aus 1 000 m Tiefe Dampf von 240 °C und betreibt ein 400-Megawatt-Kraftwerk. In Japan, Neuseeland, Island, den USA, Russland, Korea und den Philippinen, häufig in der Nähe noch tätiger Vulkane, wird Erdwärme genutzt. Neben der Errichtung von Kraftwerken zur Elektrizitätserzeugung sind auch Anschlüsse an Netze zur Versorgung mit Fernwärme möglich. In der Regel wird Wasser nach unten geleitet, das sich erhitzt und wieder nach oben gelangt. In der Bundesrepublik gibt es zurzeit einige Probebohrungen in der Eifel. Ob eine Nutzung in größerem Umfang möglich sein wird, ist ungeklärt.

Heißwasser aus der Tiefe für Heizzwecke wird an einigen Standorten in Süd- und Südwestdeutschland sowie im Nordosten genutzt. Größere Geothermieheizzentralen bis 10 MW gibt es in Neubrandenburg, Waren und Prenzlau.

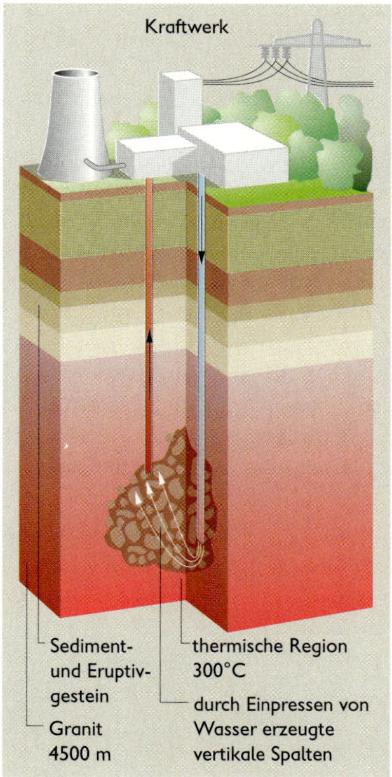

2

Prinzip der Gewinnung von Erdwärme aus heißen Trockengesteinen

Vor- und Nachteile der Nutzung geothermischer Energie:

Vorteile

- Im Vergleich zu Kraftwerken auf der Basis fossiler Brennstoffe gibt es keine Freisetzung von Kohlenstoffdioxid
- Geothermische Anlagen sind aufgrund der Entkopplung vom Preis fossiler Brennstoffe ökonomisch attraktiv.
- Es besteht eine hohe gesellschaftliche Akzeptanz.

Nachteile

- Mit der Wärme wird eine Vielzahl von Gift- und Schadstoffen an die Erdoberfläche gebracht.
- Es können Landabsenkungen oder gar lokale Erdbeben ausgelöst werden.
- Es wird eine relativ große Landfläche benötigt.

3 Energie von der Sonne

Elektroautos tanken Sonne! Der Solarstrom wird in Solarzellen aus Sonnenlicht erzeugt. Überschüssiger Solarstrom kann in das normale Energieversorgungsnetz eingespeist werden.

Experimente und Beobachtungen

Zur thermischen Solarenergienutzung

Experiment 1: Ein möglichst dunkler Schlauch von etwa 2 m Länge wird zu einer Spirale gewickelt und mit Klebestreifen auf einem Brett befestigt (Bild 1). In das eine Ende des Schlauches wird ein Trichter gesteckt, das andere Ende wird mit einer Schlauchklemme oder einem Hahn verschlossen. Nachdem der Schlauch mit Wasser gefüllt wurde, setzt man ihn der Sonnenstrahlung aus. Bei bedecktem Himmel kann man das Experiment auch mit einer lichtstarken Lampe (z. B. Fotolampe) durchführen.
Bestimme die Wassertemperatur vor der Bestrahlung und jeweils 5, 10 bzw. 15 Minuten danach mit einem Thermometer!
Begründe die unterschiedlichen Wassertemperaturen!

Experiment 2: Bestimmung der Solarkonstanten
Schneide in eine Konservendose mit einer kleinen Blechschere seitlich ein Loch, und entleere durch dieses Loch die Dose. Sehr gut geeignet ist z. B. eine Dose mit einem Durchmesser von 8 bis 10 cm und einer Höhe von 6 bis 8 cm. Die Öffnung wird danach mit einer Feile entgratet, sodass sie mit einem durchbohrten Stopfen gut verschlossen werden kann. In die Bohrung des Stopfens steckt man ein Thermometer. Der Boden der Dose wird mit mattschwarzer Farbe eingefärbt, damit die Sonnenstrahlung gut absorbiert wird. Die Dose sollte mit einer Schaumstoffschicht ummantelt werden, um

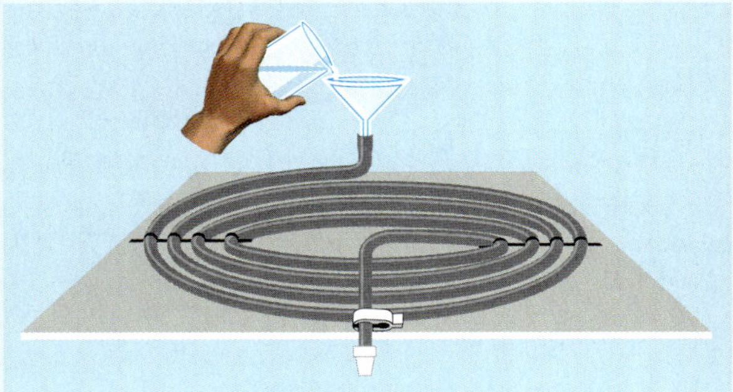
1

2

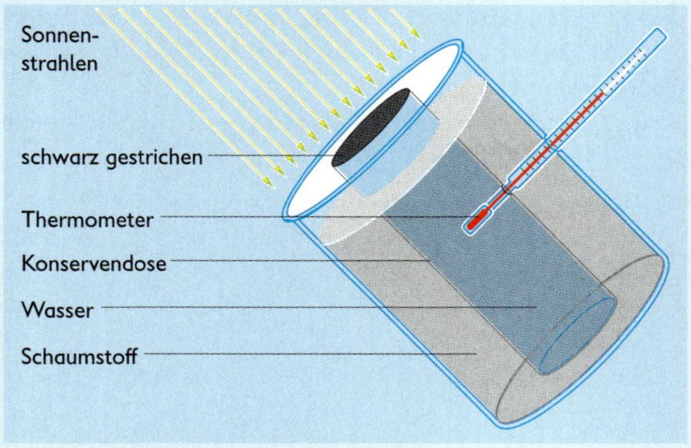

1

Anordnung zur Bestimmung der Solarkonstanten

den Wärmeaustausch mit der Umgebung möglichst gering zu halten (Bild 1).
Durch die Öffnung wird die Dose mit Wasser gefüllt, dessen Temperatur nur wenig unter der Außentemperatur liegen sollte. Man lässt nun die Sonne so lange einstrahlen, bis die Wassertemperatur etwa ebensoviel über der Außentemperatur liegt. Dadurch wird erreicht, dass sich eventuelle Isolationsmängel ausgleichen.
Aufgabe: Berechne die Solarkonstante S (Hinweise dazu siehe Seite 21)!
Vergleiche den berechneten Wert mit dem Literaturwert von 800 bis 1 000 W/m^2 und begründe eventuelle Abweichungen!

Fotovoltaische Solarenergienutzung

Experiment 3: Untersuchung des Einflusses der Beleuchtungsstärke auf Leerlaufspannung und Kurzschlussstromstärke einer Solarzelle
Baue die Experimentieranordnung nach Bild 2 auf! Die Beleuchtungsstärke E wird mit einem Luxmeter dicht über der Solarzelle gemessen.

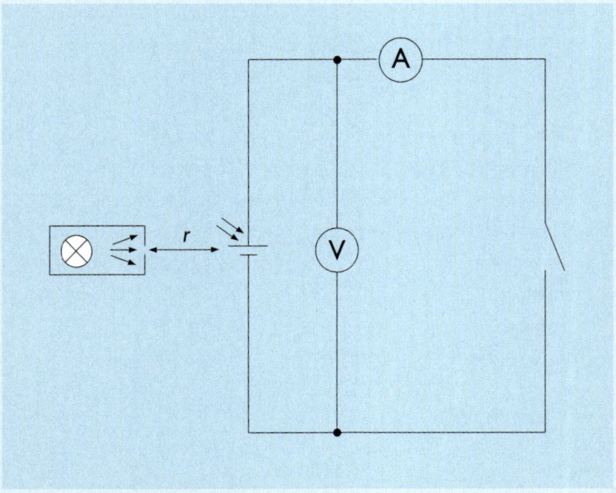

2

Stromstärke-Spannung-Messungen an einer Solarzelle
(Messbereiche: U = 1 V, I = 1 A)

1. Miss Leerlaufspannung U_0 und Kurzschlussstromstärke I_K in Abhängigkeit von der Beleuchtungsstärke E bei senkrechtem Lichteinfall (Abstand Glühlampe – Solarzelle verändern)! Trage die Messwerte in eine Tabelle ein und werte sie grafisch aus!
2. Miss Leerlaufspannung U_0 und Kurzschlussstromstärke I_K in Abhängigkeit vom Einfallswinkel des Lichts (Ändern des Winkels in Schritten von 15°) bei konstantem Abstand Glühlampe – Solarzelle. Trage die Messwerte in eine Tabelle ein und werte sie grafisch aus!
3. Decke die Solarzelle mit Pappe teilweise ab (Simulation von Verschmutzung durch Laub) und miss Leerlaufspannung U_0 und Kurzschlussstromstärke I_K in Abhängigkeit vom Grad der Abdeckung (z. B. ein Viertel, ein Drittel, die Hälfte, usw.)!
Sollte kein Luxmeter zur Verfügung stehen, kann man mithilfe des Abstandes Glühlampe–Solarzelle die Änderung der Leerlaufspannung und der Kurzschlussstromstärke abschätzen.

Experiment 4: Aufnahme der Stromstärke-Spannung-Kennlinie und der Leistungskennlinie einer Solarzelle
Baue das Experiment nach Bild 3 auf!

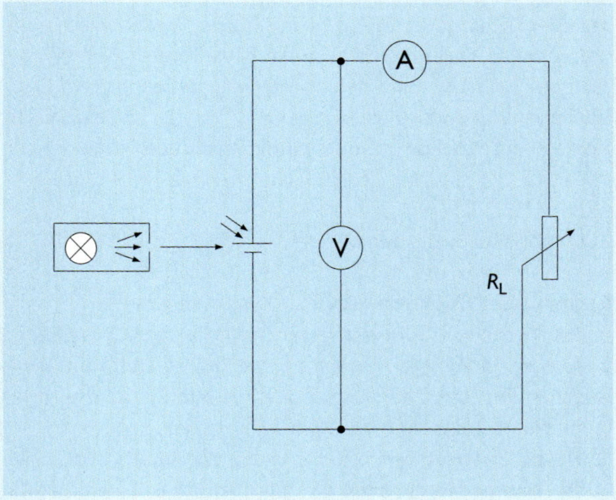

3

Leistungsmessung an einer Solarzelle
(Messbereiche: U = 1 V, I = 1 A; R_L = 50 Ω)

Verändere bei konstanter Beleuchtungsstärke (Abstand Glühlampe – Solarzelle fest) den Lastwiderstand R_L und miss die jeweiligen Werte für Stromstärke und Spannung. Ermittle aus diesen Werten die Stromstärke-Spannung-Kennlinie. Berechne aus den Werten für Stromstärke und Spannung den jeweiligen Widerstandswert für R_L und die Leistung P und stelle die Leistung P in Abhängigkeit vom Lastwiderstand R_L grafisch dar!
Führe die gleichen Messungen bei einer anderen Beleuchtungsstärke durch!
Bei welchem Widerstandswert gibt die Solarzelle jeweils die größte Leistung ab?

Experiment 5: Leistungskennlinien bei unterschiedlicher Temperatur
Der Aufbau des Experiments erfolgt wie in Experiment 4. Um die Solarzelle durch die Glühlampe während des Experiments nicht zu erwärmen, sollte ein größerer Abstand zwischen optischer Leuchte und Solarzelle gewählt werden.
Aufgabe: Ermittle die Leistung P in Abhängigkeit vom Lastwiderstand R_L bei verschiedenen Temperaturen der Solarzelle! Führe dazu das Experiment bei Zimmertemperatur, bei einer erhöhten Temperatur der Solarzelle und bei einer Temperatur unterhalb der Zimmertemperatur durch. Die Temperaturerhöhung kann entweder mithilfe eines Föhns, durch Auflegen auf einen Heizkörper oder durch Bestrahlen mit einer starken Glühlampe erfolgen. Abkühlen kannst du die Solarzelle mit einem Kühlakku aus einer Kühltasche oder mit Eiswürfeln. Damit sich die Temperatur während der Messreihe nur wenig ändert, solltest du möglichst zügig messen.
Vergleiche die Kennlinien miteinander!

Experiment 6: Parallel- und Reihenschaltung von Solarzellen zu Solarmodulen
Baue die Experimentieranordnung nach Bild 1a auf! Leerlaufspannung und Kurzschlussstromstärke können mit dem gleichen Messgerät ohne Änderung an der Schaltung gemessen werden. Es ist lediglich der Messbereich zu ändern.
Aufgabe: Miss für jede der beiden Solarzellen einzeln Leerlaufspannung und Kurzschlussstromstärke! Schalte dann die beiden Solarzellen parallel und miss Leerlaufspannung und Kurzschlussstromstärke! Schalte nun die beiden Solarzellen in Reihe (Bild 1b) und miss ebenfalls Leerlaufspannung und Kurzschlussstromstärke!
Trage alle Messwerte in die Tabelle ein und vergleiche die Messwerte miteinander!

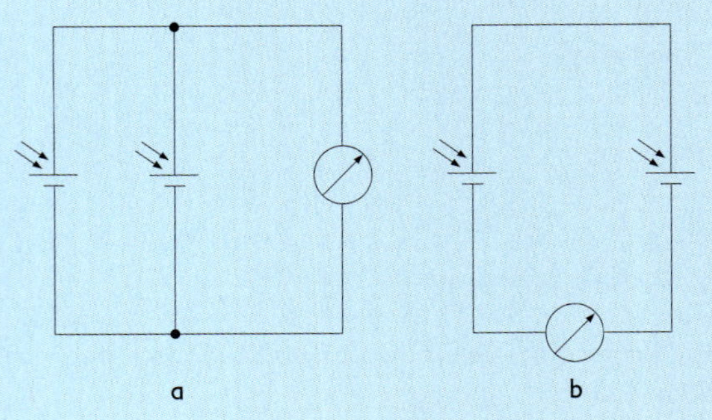

1

	Solarzelle 1	Solarzelle 2	Parallelschaltung	Reihenschaltung
Leerlaufspannung in mV				
Kurzschlussstromstärke in mA				

Aufgaben und Fragen

1. Durch die Fusion von Wasserstoff zu Helium verringert sich die Masse der Sonne in jeder Sekunde um 4,2 Millionen Tonnen. Berechne, wie lange die Sonne aufgrund ihres gegenwärtigen Wasserstoffvorrates von $2 \cdot 10^{30}$ kg noch strahlen kann!
2. Nenne Energieträger auf der Erde, die ihren Ursprung in der Sonnenenergie haben!
3. Erkläre, warum die menschliche Nahrung gespeicherte Sonnenenergie ist!
4 Die Sonnenenergie wird zur Erde durch elektromagnetische Strahlung übertragen, die aus Radiostrahlung (6 % Anteil), Infrarotstrahlung (38 %), sichtbarem Licht (48 %), Ultraviolettstrahlung (7 %) und Röntgenstrahlung (1 %) zusammengesetzt ist. Verdeutliche die einzelnen Anteile in einem Kreisdiagramm!
5. Beschreibe den Treibhauseffekt in einem Gewächshaus!
6. Nenne technische Maßnahmen, die es ermöglichen, dass das auf einen Sonnenkollektor fallende Sonnenlicht optimal vom Absorber aufgenommen wird!
7. Erläutere die Energieumwandlungen in einem solarthermischen Kraftwerk!
8. Beschreibe den Unterschied zwischen einer Solarzelle und einem Solarkollektor und stelle typische Anwendungsbeispiele gegenüber!
9. Erkläre, warum Solarzelle und Fotodiode ähnlich aufgebaut sind!
10. Berechne den Wirkungsgrad eines Solarmoduls aus folgenden Daten: $U = 24\,V$, $I = 2{,}1\,A$, $A = 0{,}5\,m^2$!
11. Erkläre die Funktionsweise einer Freilaufdiode in einem Solarmodul!
12. Beim Solarkraftwerk Pellworm (Nordsee) sind jeweils 20 Silicium-Solarzellen zu einem Solarmodul zusammen geschaltet. Jeweils 48 Module liegen hintereinander. Berechne die Gesamtspannung des Kraftwerkes!
13. Informiere dich über Anwendungsbeispiele von Solarzellen
   a) allgemein,
   b) in deinem Heimatort!

Thermische Solarenergienutzung

Die Sonne als natürliche Energiequelle. Die Sonne ist unsere weitaus größte Energiequelle. Jährlich sendet sie eine Energie von $7 \cdot 10^{17}$ kW · h auf die Erde. Diese Energie entsteht in der Sonne durch die Fusion (Verschmelzung) von Wasserstoffkernen zu Heliumkernen. Dadurch nimmt der Wasserstoffvorrat der Sonne ab, aber er wird noch Milliarden von Jahren reichen.

Die Verteilung der Sonnenenergie auf die Erdteile ist sehr unterschiedlich (Bild 2). Man erkennt, dass Afrika, Südasien, Mittel- und Südamerika sowie Australien besonders begünstigt sind. Deutschland erhält jährlich etwa 1 000 kW · h Solarenergie auf jeden Quadratmeter (Bild 1). Der Jahresmittelwert der Strahlungsleistung der Sonne auf einen Quadratmeter der Erdoberfläche wird durch die Solarkonstante S erfasst. Sie beträgt maximal 1 000 W/m². Je nach Sonnenstand, der ja mit der Jahres- und Tageszeit schwankt, je nach geografischer Breite und je nach Bewölkung wird dieser Wert mehr oder weniger unterschritten.

Die Solarkonstante kann mithilfe der Gleichung

$$S = \frac{Q}{A \cdot t} = \frac{c \cdot m \cdot (T_2 - T_1)}{A \cdot t}$$

berechnet werden. (c_{Wasser} = 4,2 kJ/(kg · K), spez. Wärmekapazität von Wasser) (siehe Experiment 2)

Die Übertragung der von der Sonne kommenden Energie erfolgt durch die von ihr ausgesandte Strahlung. Dabei handelt es sich im Wesentlichen um Licht- und Wärmestrahlung.

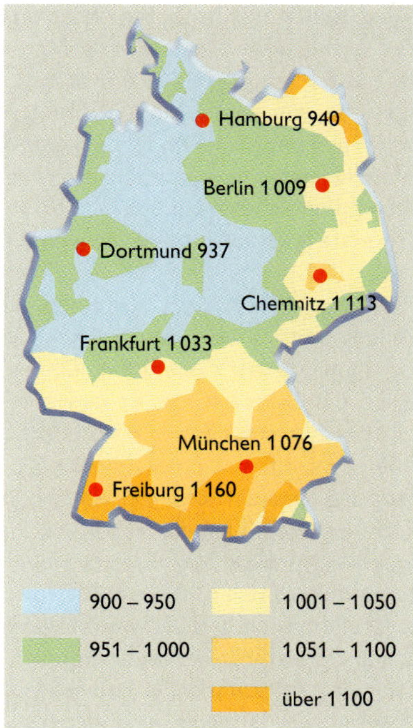

1

Mittlere jährliche Einstrahlung der Sonne in Deutschland in kW · h/m²

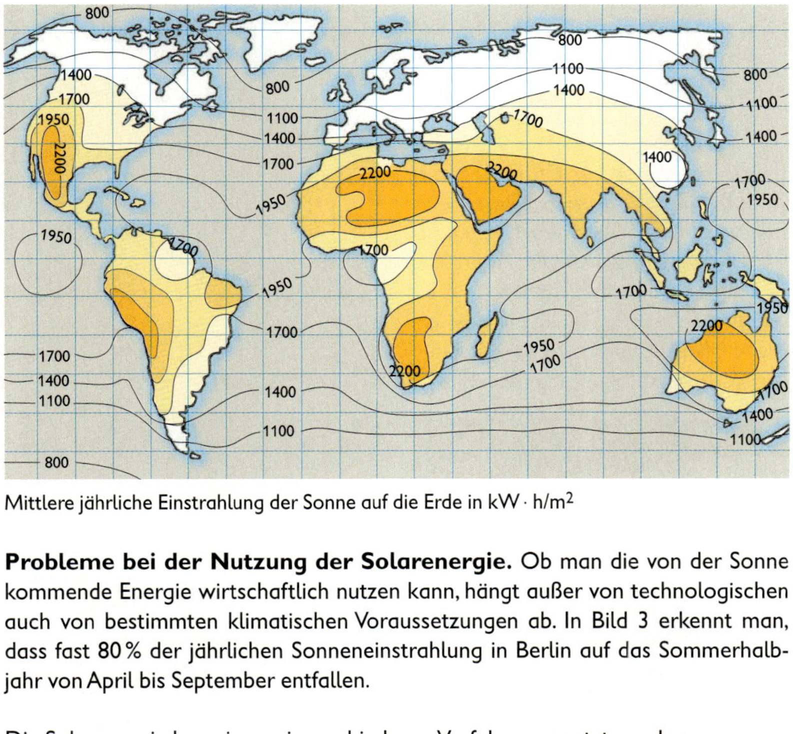

2

Mittlere jährliche Einstrahlung der Sonne auf die Erde in kW · h/m²

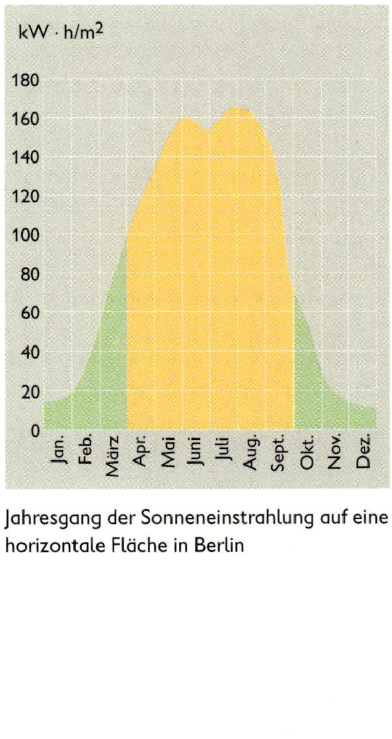

3

Jahresgang der Sonneneinstrahlung auf eine horizontale Fläche in Berlin

Probleme bei der Nutzung der Solarenergie. Ob man die von der Sonne kommende Energie wirtschaftlich nutzen kann, hängt außer von technologischen auch von bestimmten klimatischen Voraussetzungen ab. In Bild 3 erkennt man, dass fast 80 % der jährlichen Sonneneinstrahlung in Berlin auf das Sommerhalbjahr von April bis September entfallen.

Die Solarenergie kann in zwei verschiedenen Verfahren genutzt werden:
1. Umwandlung der Solarstrahlung in thermische Energie (**Solarthermie**)
2. Umwandlung der Solarstrahlung in elektrische Energie (**Fotovoltaik**)

Geschichte der solarthermischen Nutzung der Sonnenenergie. Schon seit Jahrhunderten versuchen die Menschen, die Wärmestrahlung der Sonne direkt zu nutzen. Im Jahre 1767 entwickelte der Schweizer Naturforscher *de Saussure* gläserne „Hitzekisten", die als Vorläufer der heutigen Sonnenkollektoren gelten können. Hundert Jahre später kombinierte der französische Ingenieur *Augustin Mouchot* dieses Kollektorprinzip mit den seit alters her bekannten Brennspiegeln. Damit konnte er Wasser in Dampf umwandeln und Dampfmaschinen antreiben. Die erste Solardampfmaschine wurde 1866 in Betrieb genommen.

1 Solarer Dampferzeuger auf der Pariser Weltausstellung 1878

Treibhauseffekt auf der Erde. Das Grundprinzip einer solarthermischen Anlage besteht darin, die Strahlung der Sonne in einem Absorber „einzufangen" und damit Wasser zu erwärmen. Dieses Prinzip hat man sich der Natur abgeschaut. Auch die Erdoberfläche ist gegenüber der Sonne ein Absorber. Die sichtbare Lichtstrahlung der Sonne durchdringt nahezu ungehindert die Lufthülle der Erde und sorgt auf der Erdoberfläche für die Erwärmung von Boden und Wasser. Dadurch entsteht eine von der Erdoberfläche ausgehende Wärmestrahlung in Richtung Weltraum, die jedoch die Lufthülle nur teilweise durchdringen kann. Einige Gase in der Lufthülle, die so genannten Treibhausgase Wasserdampf, Kohlenstoffdioxid und Methan, absorbieren die Wärmestrahlung. Dabei heizt sich die Lufthülle auf und strahlt sowohl in den Weltraum als auch auf den Erdboden zurück. Ohne die Lufthülle würde die von der Erdoberfläche absorbierte und in Wärmestrahlung umgewandelte Sonnenenergie ungehindert in den Weltraum zurückgestrahlt. Die Lufthülle wirkt also als „Wärmefalle": Einerseits lässt sie das sichtbare Sonnenlicht fast ungehindert durch, andererseits reflektiert sie die von der Erdoberfläche kommende Wärmestrahlung teilweise zurück, wodurch sich Luft und Erdoberfläche ein weiteres Mal erwärmen (Treibhauseffekt, Bild 2a).
Ähnlich funktioniert ein Gewächshaus, wobei an die Stelle der Lufthülle ein Glasdach tritt. Das Glasdach hat bezüglich der Durchlässigkeit des sichtbaren Lichts und der Reflexion der Wärmestrahlung ähnliche Eigenschaften wie die Lufthülle der Erde (Bild 2b).

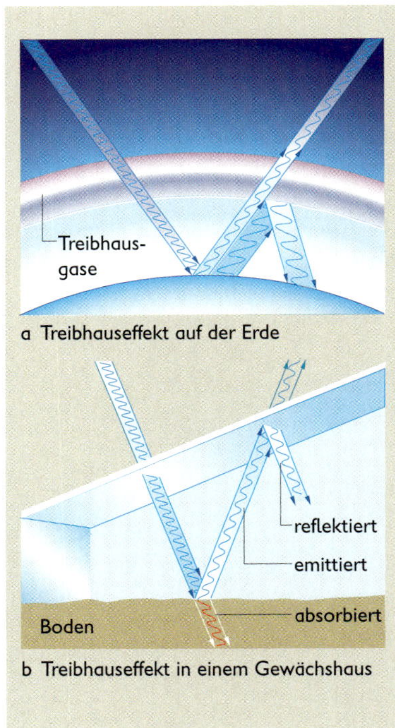

a Treibhauseffekt auf der Erde

b Treibhauseffekt in einem Gewächshaus

2

Solarthermische Anlagen. Eine solarthermische Anlage besteht im Wesentlichen aus einem Absorber (entspricht der Erdoberfläche) und einer Glasscheibe (entspricht der Lufthülle). Das Gesamtsystem wird als Kollektor bezeichnet. Als Absorbermaterialien werden Kunststoffe oder Metalle mit schwarzer Oberfläche verwendet, die aus Platten, Matten, Rohren oder Schläuchen bestehen (Bild 3). Einfachste Kollektoren sind z. B. ein ausgelegter schwarzer Schlauch bzw. ein schwarz angestrichener Behälter. Füllt man sie mit Wasser, hat man mit minimalem technischen Aufwand eine Anlage zur solaren Warmwasserbereitung (Bild 4).

3 Kollektoren zur Wassererwärmung eines Schwimmbades (Wirkungsgrad bis zu 45 %)

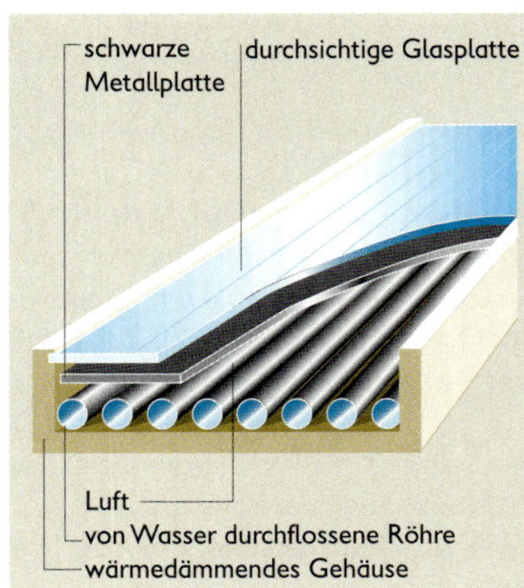

4 Aufbau eines Solarkollektors

Kollektoren zur Warmwasserversorgung. Für die Versorgung eines Wohnhauses mit Warmwasser und die Beheizung der Räume reichen solche „Schwimmbadkollektoren“ nicht aus. Man setzt hier Flachkollektoren ein. Bei diesen wird der Absorber, durch den das Wasser zirkuliert, von einer Glasscheibe abgedeckt. Durch das Glas kann die Sonnenstrahlung den Absorber mit dem darin zirkulierenden Wasser ohne größere Verluste erreichen. Die Glasabdeckung reduziert die Rückstrahlung des Absorbers, da diese Wärmestrahlung vom Glas nicht so leicht durchgelassen wird. Auf der Rückseite wird der Kollektor durch eine gute Wärmedämmung gegen Abstrahlverluste geschützt. Man kann den Wirkungsgrad eines Flachkollektors erhöhen, indem die Frontabdeckung durch eine zweite Glasscheibe verstärkt wird. Am leistungsfähigsten sind so genannte Vakuum-Röhrenkollektoren, bei denen sich der Absorber in einer luftleeren Glasröhre befindet. Dadurch sind die Verluste infolge Konvektion (Wärmemitführung) bzw. Abstrahlung von Wärme äußerst gering.

Warmwasseranlage eines Wohnhauses. In südlichen Ländern benötigt man nur einen geringen technischen Aufwand für eine solarthermische Anlage zur Warmwasserbereitung. In einigen dieser Länder findet man auf den Dächern eine so genannte Thermosiphon-Anlage (Bild 1). Bei dieser Technik durchströmt das Wasser einen Flachkollektor und steigt dann infolge der Erwärmung von selbst in einen Speicher auf, der oberhalb des Kollektors angebracht ist. Solche Anlagen benötigen weder Pumpen noch Regeltechnik.
In unseren Breiten reicht diese einfache Technik nicht aus. Es bedarf zusätzlichen Aufwands, um die Anlagen frostsicher und effizienter zu machen. Für die sonnenarmen Tage müssen sie mit einer Zusatzheizung versehen werden, außerdem werden noch Pumpen und Regeltechnik benötigt (Bild 3).

Solarthermische Stromerzeugung. Um in einem Sonnenkraftwerk die thermische Energie der Sonnenstrahlung wirtschaftlich in elektrische Energie umwandeln zu können, ist eine Sonnenscheindauer von etwa 3 000 h/Jahr nötig. Deshalb findet man solche Anlagen z. B. in den USA (Kalifornien, Bild 3), Spanien, Frankreich, Italien und Japan.

1
Thermosiphon-Anlage

2
Rinnenkollektoren in Kalifornien

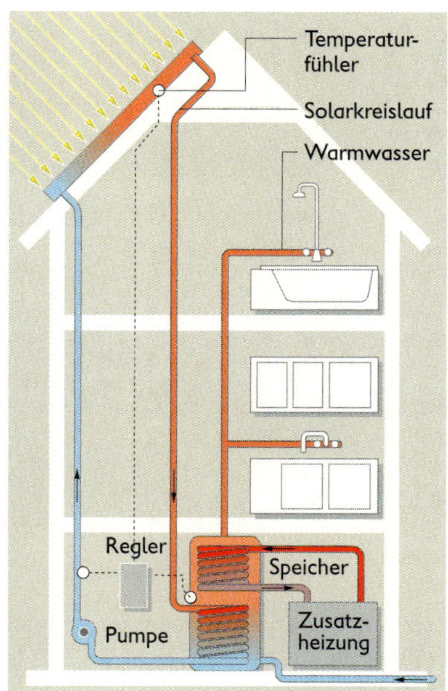

3
Anlage zur Warmwasserbereitung eines Wohnhauses

Neben den klimatischen Voraussetzungen ist in einem Sonnenkraftwerk aber auch eine andere Solartechnik als in einem Wohnhaus nötig. Die mit Flachkollektoren erreichbaren Temperaturen reichen nicht aus, um eine Dampfturbine mit angeschlossenem Generator betreiben zu können. Die einfallende Sonnenstrahlung muss deshalb mithilfe von Spiegeln konzentriert werden, ehe sie auf den Absorber gelenkt wird. Solche Kollektoren werden als konzentrierende Kollektoren bezeichnet.
Sie erreichen Temperaturen von mehreren Tausend Grad Celsius. Bedingung dieser Kollektoren ist, das der Absorber immer im Brennpunkt der Spiegel liegen muss. Deshalb ist eine Sonnennachführung der Spiegel nötig.

1

Solarkraftwerk mit Parabolspiegeln und Stirlingmotor

Kollektoren in Solarkraftwerken. Konzentrierende Kollektoren können in Farm- oder in Turmsystemen angeordnet werden. Die gebräuchlichste und wirtschaftlichste Form der Farmsysteme sind die Rinnenkollektoren. Sie bestehen aus langen, rinnenförmigen Hohlspiegeln, in deren Brennlinie sich ein Absorberrohr aus Metall oder Glas befindet (Bild 2, S. 23). Jede Rinne ist etwa 6 m breit und 100 m lang, das Absorberrohr hat einen Durchmesser von 70 mm. Infolge der konzentrierten Sonneneinstrahlung erhitzt sich die Absorberflüssigkeit auf über 400 °C. Damit wird in einem Wärmetauscher Dampf für eine Dampfturbine erzeugt, die wiederum einen Generator antreibt. Je nach Anzahl der Rinnen liefert so ein Rinnen-Solarkraftwerk bis zu 80 MW.
Noch höhere Temperaturen erzielt man mit Turmkraftwerken. Bei ihnen wird ein ganzes Feld von Spiegeln auf einen Brennpunkt ausgerichtet, in dem sich der zentrale Absorber befindet. So kann man Temperaturen von über 1 000 °C erreichen. Der Absorber befindet sich dabei auf einem 50 bis 150 m hohen Turm (Bild 2). Den höchsten Wirkungsgrad erzielt man mit Parabolspiegelanlagen. Bei ihnen befindet sich im Brennpunkt der Absorber, der unmittelbar mit einem Stirlingmotor (Heißluftmotor) und dieser wiederum mit einem Stromgenerator gekoppelt wird (Bild 1). Mit einem Spiegeldurchmesser von 17 m erzielt man eine elektrische Leistung von 50 kW. Solche Anlagen eignen sich für die dezentrale Versorgung kleinerer Energieverbraucher in ausgesprochen sonnigen Gebieten.

2

Turmkraftwerk in Kalifornien

3

Sonnenofen zur Zubereitung von Speisen

Sonnenöfen. In den einfachsten Sonnenöfen hängt der Kochtopf an einem Gestell im Brennpunkt eines großen Hohlspiegels (Bild 3).
Mit sehr großen Parabolspiegeln kann man im scharf gebündelten Brennpunkt Temperaturen von 4 000 °C erreichen. Da die Herstellung solcher Hohlspiegel sehr schwierig ist, setzt man sie aus vielen Einzelelementen zusammen. Auch für die

Anpassung an den wechselnden Sonnenstand sind diese Spiegel zu groß. Deshalb empfängt der im Brennpunkt stehende Sonnenofen das Licht nicht direkt, sondern über Fangspiegel, die das Sonnenlicht auf den Hohlspiegel lenken (Bild 2). Die Fangspiegel werden einzeln dem Sonnenstand nachgeführt.
Leistungsfähige Sonnenöfen stehen z. B. in Frankreich (Odeillo, Bild 1), Spanien (Almeria), USA (Golden), Israel (Rehovot) und Usbekistan (Taschkent). Sie werden hauptsächlich zu Forschungszwecken eingesetzt (Werkstoffprüfung, Abfallstoffentgiftung).

1

Sonnenofen von Odeillo. Im Vordergrund stehen die 63 Fangspiegel, die das Licht auf den 2 000 m^2 großen Hohlspiegel reflektieren.

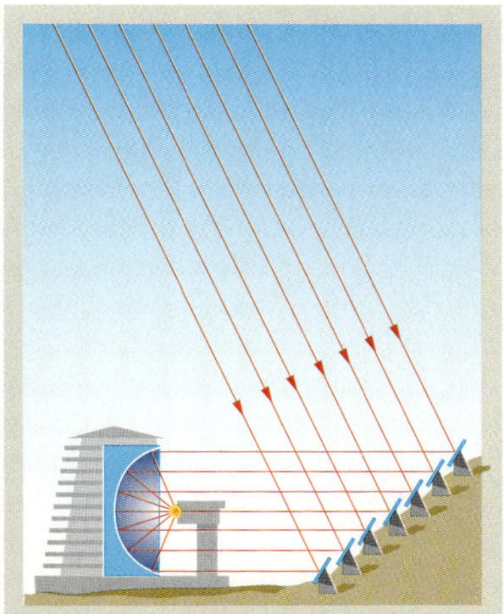
2

Prinzip eines Sonnenofens mit Parabolspiegel und Fangspiegeln

Fotovoltaik

Mit Solarzellen kann die Energie des Sonnenlichts direkt in elektrische Energie umgewandelt werden, ohne den Umweg über eine Wärmekraftmaschine gehen zu müssen. Die mit dieser Direktumwandlung von Licht in elektrische Energie zusammenhängende Technologie bezeichnet man als Fotovoltaik.

Geschichte der Fotovoltaik. Im Jahre 1914 erkannten die amerikanischen Physiker *Goldmann* und *Brodsky*, dass an den beiden Enden bestimmter Siliciumkristalle bei Beleuchtung eine Spannung gemessen werden konnte. Diese Entdeckung stellt die Geburtstunde der heutigen Solarzelle dar. Aber erst 1954 wurde von den US-Wissenschaftlern *Chapin*, *Fuller* und *Pearsen* die erste Silicium-Solarzelle hergestellt, die einen Wirkungsgrad von 5 % hatte. Entscheidende Impulse für die weitere Entwicklung kamen vor allem aus der Raumfahrt mit dem dringenden Bedarf an neuartigen Energiewandlern (Bild 3).

3

Solarzellen zur Stromversorgung eines Marsmobils

Aufbau und Funktionsweise einer Solarzelle. Solarzellen bestehen aus Halbleitermaterialien, wie z. B. Silicium, Germanium, Galliumarsenid oder Cadmiumsulfid. Der gebräuchlichste Grundstoff ist Silicium, das aus Quarzsand gewonnen wird.
Zur Herstellung einer Solarzelle wird auf eine Trägerschicht aus p-leitendem Silicium eine extrem dünne (etwa 1 μm) n-leitende Siliciumschicht aufgedampft. Dort, wo n-leitendes und p-leitendes Silicium aneinanderstoßen, entsteht eine Grenzschicht (Bild 4). Wird die großflächig gestaltete Grenzschicht des pn-Übergangs mit Licht bestrahlt, werden dort durch die absorbierte Lichtenergie zusätzliche Ladungsträgerpaare (Elektronen und Defektelektronen) gebildet, die durch den

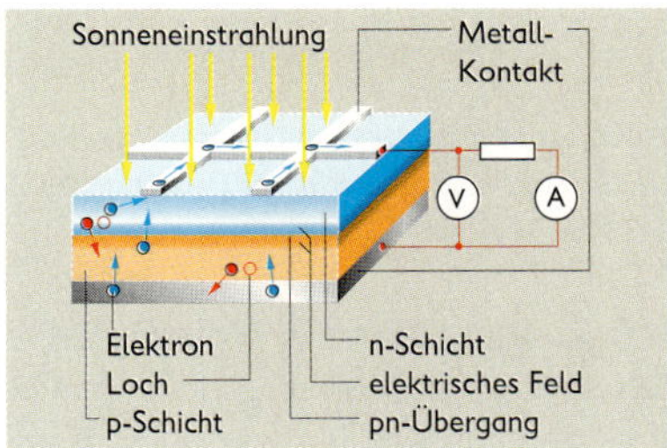

4

Prinzipieller Aufbau einer Solarzelle

Einfluss des elektrischen Feldes in der Grenzschicht getrennt werden. Damit entsteht zwischen den beiden Enden des Halbleiterkristalls eine Spannung bis zu etwa 0,7 V. In der technischen Ausführung befindet sich der dotierte Siliciumkristall auf einer Metallschicht (Plus-Elektrode) und wird von einem dünnen Metallgitter bedeckt (Minus-Elektrode), sodass viel Licht auf den pn-Übergang fallen kann. Die etwa 10 cm x 10 cm großen und 0,5 mm dicken Solarzellen sind zur Verbesserung der Stabilität auf einer Glasplatte aufgebracht (Bild 1).

1 Silicium-Solarzelle

Charakteristische Größen einer Solarzelle. Die Ausgangsspannung U_0 (Leerlaufspannung) einer Solarzelle ist nahezu unabhängig von der Beleuchtungsstärke (Bild 2). Sie wird allerdings sehr stark von der Temperatur der Solarzelle beeinflusst: die Spannung sinkt um etwa 0,4 % je Kelvin.
Der Strom, der beim Verbinden der beiden Ausgangsklemmen durch die Solarzelle fließt, wird als Kurzschlussstrom bezeichnet. Die Kurzschlussstromstärke I_K ist nahezu proportional zur Beleuchtungsstärke (Experiment 3).
Wichtige Erkenntnisse über die maximale Leistung P_{max} einer Solarzelle liefert ihre Stromstärke-Spannung-Kennlinie. Man erhält sie, indem ein an die Solarzelle angeschlossener Lastwiderstand R_L schrittweise verändert wird (Bild 3, Experiment 4). Dadurch werden alle I-U-Betriebskennwerte zwischen den beiden Werten Kurzschlussstromstärke und Leerlaufspannung dargestellt. Die Beleuchtungsstärke bleibt dabei konstant. Aus dem Verlauf der Kennlinie in Bild 3 (rote Kurve) ist zu entnehmen, dass die Stromstärke in weiten Grenzen von der Belastung unabhängig ist. Da sich die Leistung P aus dem Produkt von Spannung U und Stromstärke I ergibt, kann man zu jedem Punkt auf der Kennlinie ein Rechteck zeichnen, dessen Flächeninhalt die Leistung der Solarzelle beim jeweiligen Belastungswiderstand darstellt (blaues Rechteck in Bild 3). Stellt man die Leistung in Abhängigkeit vom Lastwiderstand dar (Experiment 4), erkennt man, dass einer Solarzelle die maximale Leistung nur bei einem optimal angepassten Lastwiderstand entnommen werden kann. Der Verlauf der Leistungskurve ist stark temperaturabhängig. Bei höheren Temperaturen wird sie flacher, d.h. die maximal abgegebene Leistung wird geringer (Experiment 5).

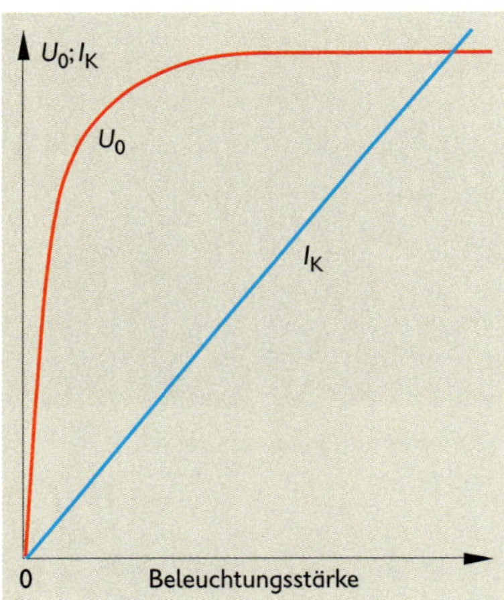

2 Abhängigkeit der Leerlaufspannung U_0 und der Kurzschlussstromstärke I_K von der Beleuchtungsstärke

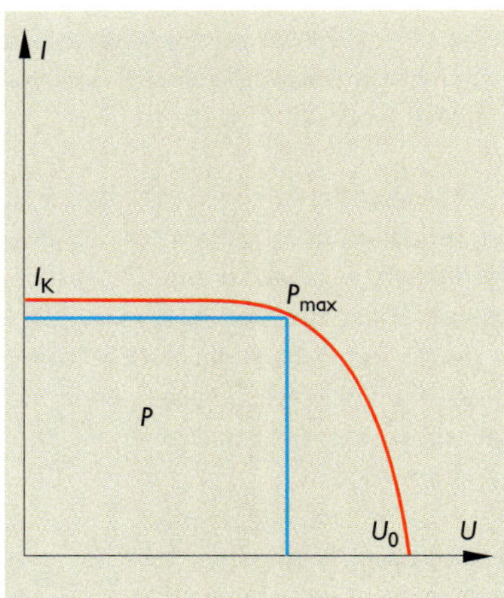

3 Verlauf von Stromstärke und Spannung bei verschiedenen Lastwiderständen: Bei P_{max} ist der Flächeninhalt des Rechtecks am größten.

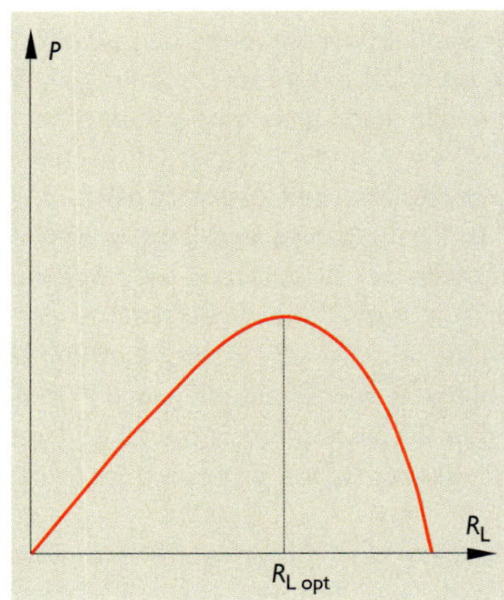

4 Verlauf der Leistung in Abhängigkeit vom Lastwiderstand

Wirkungsgrad einer Solarzelle. Der Wirkungsgrad η sagt aus, welcher Anteil der auf die Solarzelle treffenden Strahlungsenergie des Lichtes in elektrische Energie umgewandelt wird. Man kann den Wirkungsgrad auch mit dem Verhältnis der entsprechenden Leistungen angeben:

$$\eta_{Solarzelle} = \frac{E_{elektrisch}}{E_{Strahlung}} = \frac{P_{Solarzelle}}{P_{Strahlung}} = \frac{U_{Solarzelle} \cdot I_{Solarzelle}}{S \cdot A_{Solarzelle}}$$

Beispiel: Für eine Siliciumsolarzelle mit einer Fläche von 10 cm x 10 cm wurden $U_{Solarzelle}$ = 0,5 V und $I_{Solarzelle}$ = 2,8 A gemessen. Mit der Solarkonstanten S = 1 kW/m^2 ergibt sich dann ein Wirkungsgrad von etwa 14 %.
Der Wirkungsgrad hängt in starkem Maße vom Halbleitermaterial ab (Tabelle 1). Technisch realisierte Wirkungsgrade liegen zurzeit zwischen 8 % und 18 %. Um den Wirkungsgrad zu erhöhen, beschreitet man folgende Wege:
- Strukturierung der Oberfläche zur Verminderung von Reflexionsverlusten: Zum Beispiel Aufbau der Zelloberfläche in Pyramidenstruktur, damit einfallendes Licht mehrfach auf die Oberfläche trifft.
- Einsatz neuer Materialien: Zum Beispiel Galliumarsenid (GaAs), Cadmiumtellurid (CdTe) oder Kupfer-Indium-Diselenid ($CuInSe_2$).

Halbleiter-material	Wirkungsgrad in %
Silicium	5 – 18
Germanium	8
Galliumarsenid	24
Kupfersulfid	23
Cadmiumsulfid	12

Um eine möglichst hohe Energieausbeute des Solargenerators zu erreichen, sollten die Solarzellen nach Süden ausgerichtet und mit einem Neigungswinkel von 30° bis 45° installiert werden.

Solarmodule und Solargeneratoren. Die zurzeit üblichen Siliciumsolarzellen mit einer Größe von 10 cm x 10 cm geben bei voller Sonneneinstrahlung eine Leistung von etwa 1,0 bis 1,5 Watt ab. Um unter diesen Bedingungen technisch nutzbare Leistungen zu erreichen, werden mehrere Solarzellen zu so genannten Solarmodulen verbunden. Zur Herstellung eines in der Praxis üblichen Moduls werden 30 bis 40 Solarzellen in Reihe geschaltet (Standardmodul, Bild 2). Die Fläche beträgt etwa 0,3 bis 0,5 m^2, die Leerlaufspannung 15 bis 24 V und die abgegebene Leistung etwa 50 W. Durch die Reihenschaltung der Solarzellen ergibt sich das Problem, dass ein von der Sonne nicht beschienener Teil des Moduls (z. B. bei Verschmutzung durch Laub oder Abdeckung durch Schnee) wie ein zusätzlicher Widerstand wirkt und sich sehr stark erwärmt. Das kann zur Zerstörung des Moduls führen. Deshalb werden die einzelnen Solarzellen mit so genannten Freilauf- bzw. Bypassdioden überbrückt (Bild 1a). Im Normalfall sperren die Dioden den Stromfluss und sind damit wirkungslos. Wird jedoch eine Solarzelle abgeschattet, sodass sich ihr Widerstand erhöht, kann der Strom ungehindert über die Freilaufdiode fließen.
Meist sind noch höhere Leistungen erforderlich als sie ein einzelnes Solarmodul bereitstellen kann. Deshalb schaltet man mehrere Solarmodule zu einem Solargenerator zusammen. Dabei werden die einzelnen Solarmodule sowohl in Reihe als auch parallel geschaltet (Bild 1b).

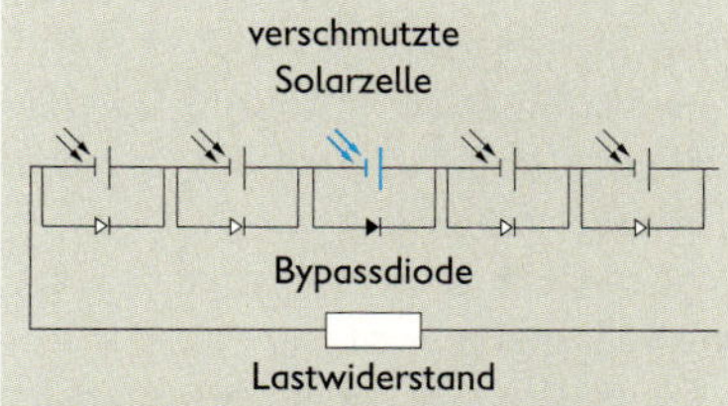

a) Reihenschaltung von Solarzellen

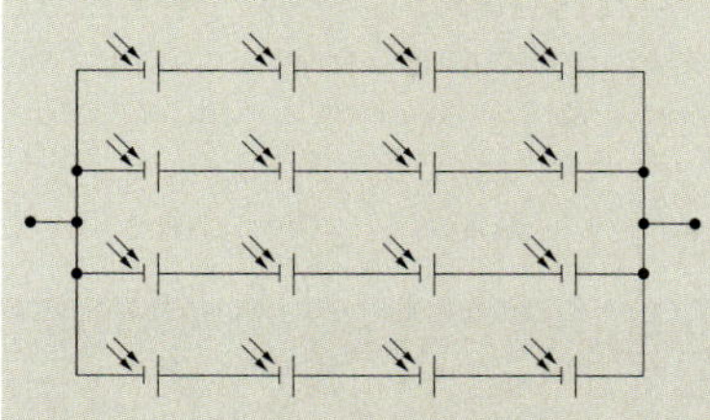
b) Prinzip eines Solargenerators

1

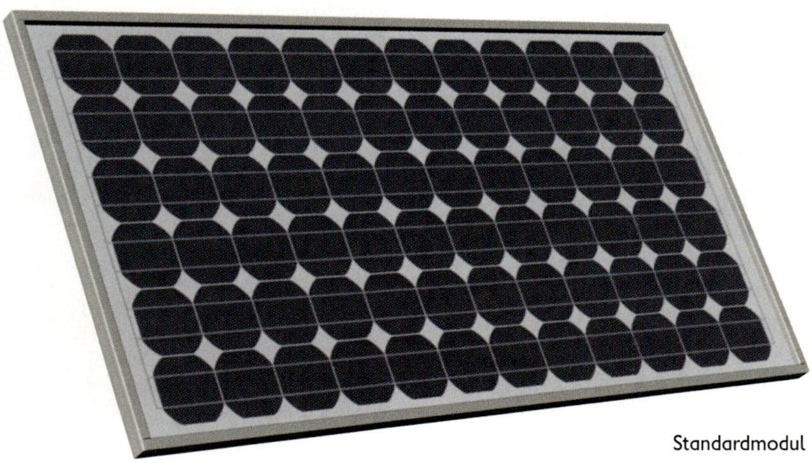
2

Standardmodul

Fotovoltaikanlagen. Zu einer kompletten fotovoltaischen Anlage gehören neben dem Solargenerator ein *System zum Speichern der elektrischen Energie* und ein *Wechselrichter* zur Umwandlung der vom Solargenerator gelieferten Gleichspannung in Wechselspannung. Das Speichersystem ist notwendig, da meist ein zeitlicher Unterschied zwischen dem Energieangebot der Sonne und dem Bedarf an elektrischer Energie besteht. Am häufigsten werden hierfür wiederaufladbare *Akkumulatoren* eingesetzt. Eine bessere, aber auch wesentlich teurere Möglichkeit der Speicherung der elektrischen Energie bietet der „solare" Wasserstoff. Dabei wird die vom Solargenerator erzeugte Energie zur elektrolytischen Zerlegung von Wasser in Wasserstoff und Sauerstoff genutzt. Beide Gase kann man über längere Zeit in Druckbehältern lagern und bei Bedarf in Brennstoffzellen wieder in elektrische Energie umwandeln (siehe S. 60 f.).
Im praktischen Einsatz unterscheidet man netzgekoppelte Fotovoltaikanlagen und Inselanlagen. Netzgekoppelte Anlagen sind mit dem öffentlichen Stromversorgungsnetz verbunden. Der vom Anlagenbetreiber erzeugte und nicht unmittelbar genutzte Solarstrom wird in das öffentliche Netz eingespeist. Liefert die Anlage keinen Strom, obwohl Bedarf besteht (z. B. bei Dunkelheit), kann Strom vom Energieversorgungsunternehmen bezogen werden. Netzunabhängige Anlagen (Anlagen im Inselbetrieb) müssen so ausgelegt sein, dass bei Bedarf Strom geliefert wird, da nicht auf ein öffentliches Stromnetz zurückgegriffen werden kann.

Anwendungen von Solarzellen. Der praktische Einsatz von Solarzellen ist sehr vielfältig. Die Tabelle auf der folgenden Seite gibt einen Überblick über wichtige Anwendungsbereiche.
Es gibt jedoch Gründe, warum diese sehr umweltfreundliche Energiequelle nicht intensiver genutzt wird:

1. Solarzellen sind gegenwärtig in der Herstellung noch sehr teuer.
2. In bestimmten Regionen scheint die Sonne zu selten und zu unregelmäßig.

Fotovoltaikanlagen arbeiten derzeit nicht kostendeckend, das heißt, der damit erzeugte Strom ist noch wesentlich teuerer als der in herkömmlichen Kraftwerken erzeugte Strom. Durch Nutzung von staatlichen und kommunalen Förderprogrammen lassen sich die Kosten für den Einzelnen allerdings senken.

1

Fotovoltaikkraftwerk mit Solar-Wasserstoff-Technologie in Neunburg vorm Wald (Bayern)

2

Fotovoltaikanlage eines Hauses

In Deutschland wurden an verschiedenen Stellen Solarkraftwerke errichtet, in denen der Wirkungsgrad unterschiedlicher Solarzellen, die günstigste Technik der Aufstellung, die Nachführung sowie Energiespeicherung und Netzeinspeisung getestet werden. In dem in Bild 1 gezeigten Kraftwerk erreichen 6 000 Module bei optimalem Wetter eine Leistung von 280 kW.

Anwendungsgebiete	Beispiele	Leistungsbereich in W
Konsumgüter	Uhren Taschenrechner und -lampen, Werkzeuge, Ladegeräte, Radios, Pkw-Belüftung, Lampen, Haushaltgeräte	0,001 bis einige 100
Inselanlagen mit geringem Energiebedarf	Notrufsäulen, Verkehrszeichen, Straßenbeleuchtung, Leuchtbojen, Parkscheinautomaten (Bild 1), Staumelder (Bild 2), Sendeanlagen, Solarmobile, Solarflugzeuge (Bild 4)	10 bis einige 10 000
Inselanlagen mit höherem Energiebedarf	Wasserpumpen (Bild 3), Lauben, Ferienhäuser, Berghütten, abgelegene Anwesen, Dorfversorgung in Entwicklungsländern, Messstationen, Medizinstationen	50 bis einige 100 000
netzgekoppelte Fotovoltaikanlagen	Ein- und Mehrfamilienhäuser, gewerbliche und kommunale Bauten	1 000 bis einige 100 000
zentrale Stromversorgung	Fotovoltaik-Kraftwerke	100 000 bis einige 1 000 000

1

2

3

Wasserpumpenstation in Indien

4

Unbemanntes Solarflugzeug über dem Pazifischen Ozean

4 Energie aus Wasser und Wind

Fließendes Wasser und strömende Luft enthalten, physikalisch betrachtet, Bewegungsenergie. So ist es sinnvoll, diese Energie mithilfe technischer Geräte und Anlagen für uns Menschen zu nutzen. Fallendes Wasser aus Stauseen, Flüssen, Gezeitenströmungen oder Meereswellen sowie der Wind können als Energiequelle für Kraftwerke dienen.

1

2

Experimente und Beobachtungen

Zum Wasserkraftwerk

Experiment 1: Baue ein Wasserkraftmodell ähnlich dem in Bild 3.
Ermittle jeweils die Drehzahl der Turbine als Maß für die Energie (durch Zählen oder mit einem Drehzahlmesser).
Variiere dabei:
a) die Höhe des fallenden Wassers,
b) die Wassermenge (veränderter Düsendurchmesser),
c) den Einfallswinkel des Wasserstrahls,
d) die Anzahl der Schaufeln,
e) die Art und Stellung der Schaufeln.
Formuliere die gewonnenen Erkenntnisse zum Bau von Wasserkraftwerken!

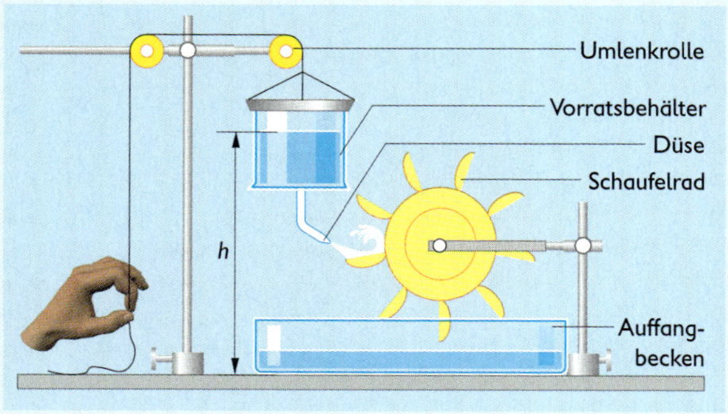

3

Zu Windrotoren

Experiment 2: Messung von Widerstandsbeiwerten

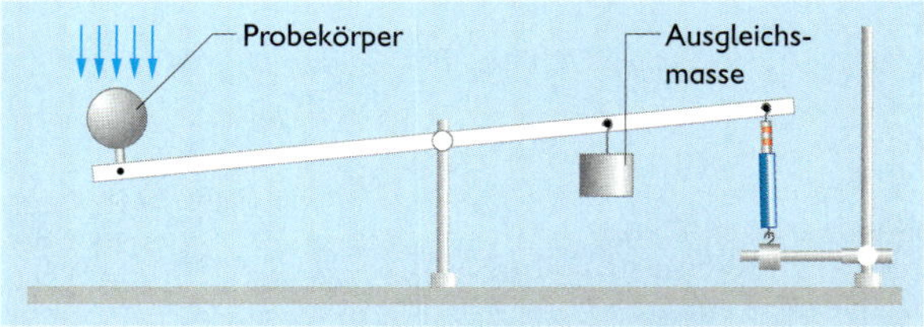

4

Mithilfe einer Einkomponentenwaage werden Widerstands- und Auftriebskräfte von Probekörpern bestimmt. Den Widerstand einer Kreisscheibe setzt man fest mit $c_W = 1$. Die Widerstandsbeiwerte anderer Probekörper gibt man in Relation zur Kreisscheibe an. Dabei sind Strömungsgeschwindigkeit, Körperquerschnitt und Oberflächenbeschaffenheit bei allen Körperformen gleich. Ermittle die c_W-Werte für:

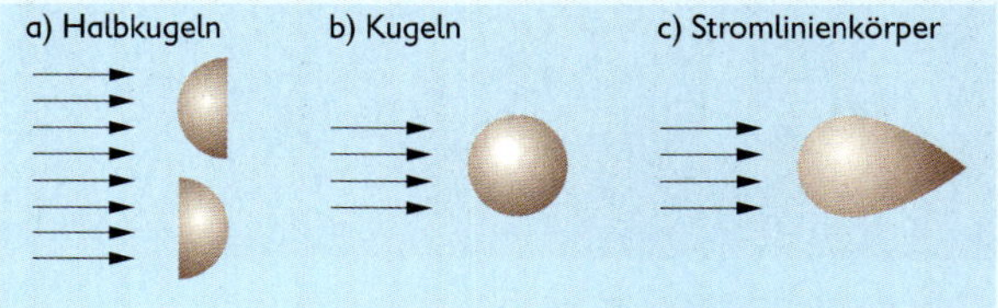

5

Experiment 3: Ein Windrotor betreibt einen Generator, der eine passende Glühlampe zum Leuchten bringt. Ein variabler Widerstand ist parallel geschaltet. Stromstärken I und Spannungen U werden gemessen. Als deren Produkt ergibt sich jeweils die Leistung P.
Variiere den Lastwiderstand R_L von 0 beginnend und bestimme die zugehörigen Leistungen und Drehzahlen. Stelle die Abhängigkeit der Leistungen von den Drehzahlen grafisch dar und ermittle die Flügelzahl (2; 3; 4; 5; usw.) mit der größten Leistungsabgabe. Variiere die Stellung der Rotorblätter und untersuche die Veränderungen in der Leistungsabgabe!

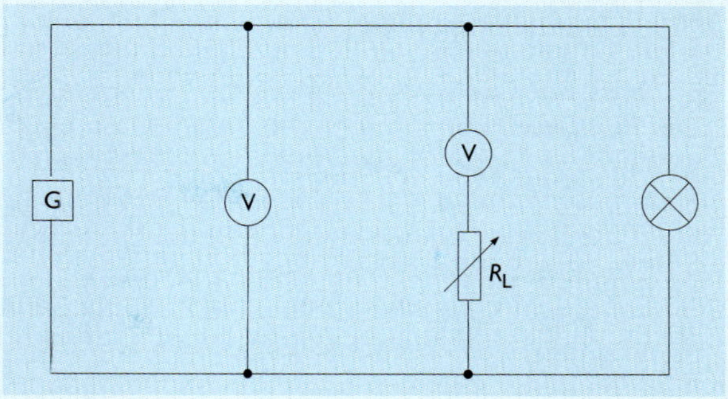

1

Aufgaben und Fragen

1. Wie viel Liter Wasser sind bei einem Wasserkraftwerk nötig, um 1 kW · h elektrische Energie zu erzeugen,
   a) in einem Speicherkraftwerk mit einer Fallhöhe von 500 m;
   b) von 1 000 m;
   c) in einem Laufwasserkraftwerk mit einer Fallhöhe von 65 m;
   d) von 130 m?
   Nimm jeweils einen Wirkungsgrad von 85 % an!
2. An der Mosel zwischen Trier und Koblenz gibt es 10 Laufwasserkraftwerke. Maximal durchströmen pro Sekunde 400 m³ Wasser die Turbinen. Diese Wassermenge ist überall gleich. Die Fallhöhen lassen sich aus Bild 2 bestimmen.

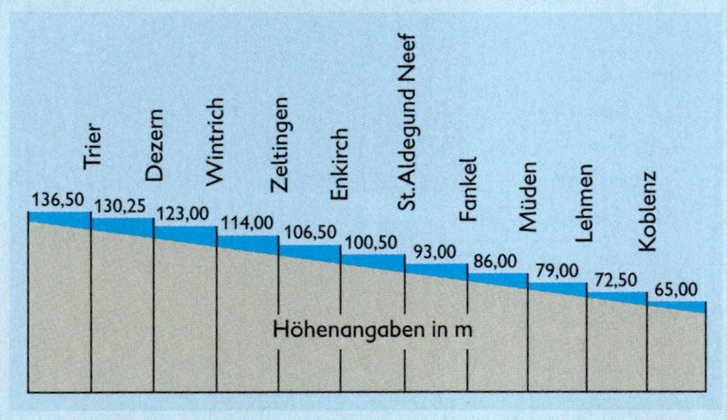

2

   a) Wie groß ist die maximale Gesamtleistung der Moselkraftwerke?
   b) Wie viel kW · h elektrischer Energie lassen sich durch die Mosel pro Jahr erzeugen?
   c) Vergleiche das mit einem 1 300-MW-Kernkraftwerk.
3. In Bild 3 sind die Wasserstände im Meer und im Becken eines Gezeitenkraftwerks vereinfacht dargestellt.
   a) Wie groß ist der minimale und der maximale Tidenhub während der Betriebszeit?
   b) Wie viel Prozent der Zeit kann das Kraftwerk betrieben werden?
   c) Warum beträgt die Periodendauer 12,5 Stunden?
4. Beschreibe die wesentlichen Unterschiede zwischen Kaplan- und Peltonturbinen.

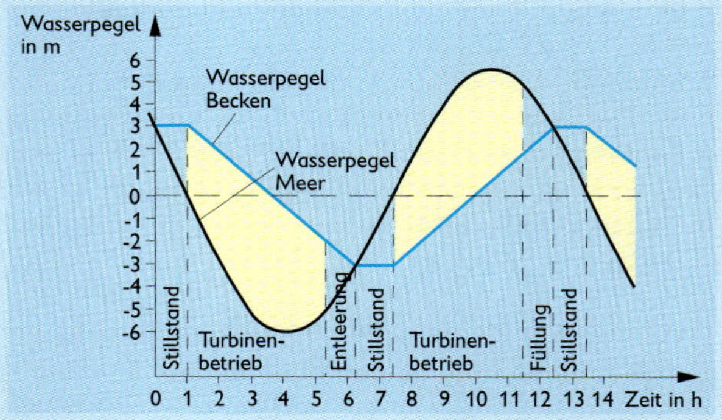

3

5. Stelle Material zur Geschichte von Wassermühlen zusammen. Nutze dafür Bibliotheken und das Internet. Erkunde, ob es in der Nähe deines Wohnortes eine Wassermühle gibt!
6. In welchen Bundesländern spielt die Wasserkraft eine besonders große Rolle. Erkläre, warum!
7. Miss mit einem Anemometer die Windgeschwindigkeit in m/s an unterschiedlichen Orten in der Schule oder der Stadt. Begründe die lokalen Unterschiede!
8. Benenne Vor- und Nachteile von so genannten Schnellläufern und Langsamläufern unter den Windturbinen!
9. Benenne Vor- und Nachteile von Horizontal- und Vertikalachsenrotoren!
10. Wie ändert sich die Rotorleistung bei Verdopplung (Verdreifachung) des Rotordurchmessers?
11. Wie verändert sich die Rotorleistung bei Veränderung der mittleren Windgeschwindigkeit von 2 m/s auf 3; 4; 6; 8; 10 m/s?
12. Warum kann ein Windenergiekonverter nicht 100 % der im Wind enthaltenen kinetischen Energie nutzen?
13. Ermittle die Entwicklung des Anteils der Windenergie an der Elektrizitätserzeugung in Deutschland, in anderen europäischen Ländern, weltweit!
14. Plant die Exkursion zu einem Wasser- oder Windkraftwerk in eurer Nachbarschaft. Entwickelt vorher einen Fragenkatalog zum Thema, um ihn mit dem Betreiber zu diskutieren!

Wasserkraftwerke

Speicher- und Laufwasserkraftwerke. Seit etwa 5 000 Jahren nutzen Menschen Flussströmungen, um mit Wasserrädern Mühl- oder Schleifsteine anzutreiben. Flüsse und Stauseen decken heute weltweit fast ein Fünftel des Elektrizitätsbedarfs. In Deutschland sind es aber nur fünf Prozent. In Österreich, der Schweiz und Kanada sind es hingegen etwa zwei Drittel. Norwegen mit 99 % und Brasilien mit 92 % sind die Spitzenreiter der Wasserkraftnutzung.
Es bedarf ausreichender Niederschläge und möglichst großer Gefälle. Gewinnung von Energie aus Wasserkraft bedeutet Nutzung potenzieller Energie:

$E = m \cdot g \cdot h$ m = Wassermasse,
$g = 9{,}81\ \mathrm{m/s^2}$ (Fallbeschleunigung),
h = Höhenunterschied

Diese potenzielle Energie kann mithilfe von Generatoren in elektrische Energie umgewandelt werden. In der Praxis der Wasserkraftnutzung unterscheidet man:
- **Laufwasserkraftwerke,** große Wassermassen bei geringem Gefälle (Höhenunterschied), z. B. Flussläufe im Mittelgebirge oder Flachland.
- **Speicherkraftwerke,** großes Gefälle mit geringen Wassermassen, z. B. Stauseen in den Bergen.

Die unterschiedlichen Kraftwerke erfordern auch jeweils speziell angepasste Wasserräder, die man Turbinen nennt. In Laufwasserkraftwerken mit Fallhöhen von 2 m bis 70 m sind Turbinen eingebaut, die Schiffsschrauben ähneln. Der Österreicher *Victor Kaplan* entwickelte 1912 bis 1918 eine Turbine für geringe Wasserdrücke mit 3 bis 6 Schaufeln. Diese Kaplanturbinen laufen bei hoher Geschwindigkeit mit Wirkungsgraden von 85 % bis 95 %. Durch Verstellen der Laufradschaufeln kann die Turbine einem schwankenden Wasserdurchfluss angepasst werden.
Für hohe Drücke, wie sie bei Fallhöhen von 100 m bis 2 000 m auftreten, benötigt man ein Laufrad mit 30 oder 40 Schaufelblättern. Schon vor über hundert Jahren hatte der Amerikaner *Lester Pelton* seine Freistrahlturbine entwickelt. Der Wasserstrahl trifft mit einer Geschwindigkeit von etwa 500 km/h tangential auf die Mitte von Halbschalen. So kann die Energie des fallenden Wassers mit einem Wirkungsgrad von über 90 % in elektrische Energie umgewandelt werden.

1
Historische Wassermühle

2
Das Laufwasserkraftwerk Laufenburg am Rhein

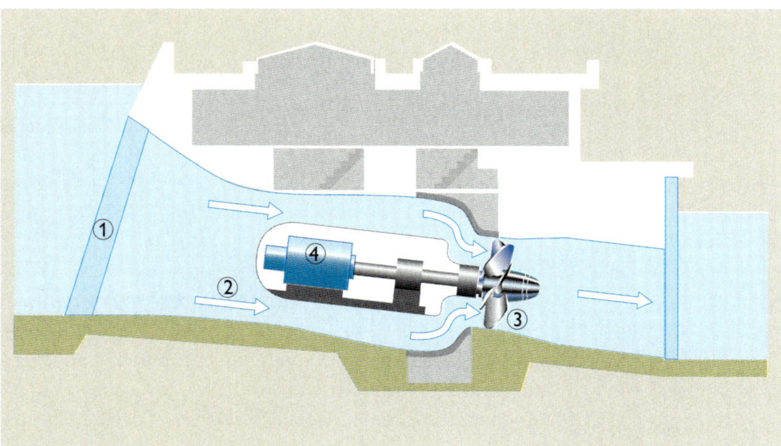

3
Aufbau eines Laufwasserkraftwerkes:
(1) Einlaufrechen
(2) Laufwasser-Strom
(3) Kaplanturbine mit verstellbaren Schaufeln
(4) Generator

Pro und contra Wasserkraft. Wasserkraft gilt als umweltfreundliche Energieform. Es entstehen keine Abgase, Schadstoffe und kaum andere ökologisch negative Folgen. Weltweit ließe sich die Wasserkraftnutzung vervierfachen. Allerdings sind die Ausbauplanungen aus ökologischer Sicht dennoch umstritten.
Das bisher größte Wasserkraftwerk der Welt, Itaipu am Grenzstrom Rio Parana zwischen Brasilien und Paraguay mit 12 600 MW soll übertroffen werden. Der Drei-Schluchten-Staudamm am Mittellauf des Jangtse in China soll ab 2010 eine Leistung von 18 200 MW haben (Baubeginn 1994). Mit einer Dammhöhe von 185 m und einer Dammlänge von 2,3 km wird ein See von 600 km Länge entstehen.
Der Stausee soll auch den Pegel des Jangtse und Überschwemmungen kontrollieren. Allerdings müssen für dieses Projekt fast 2 Millionen Menschen umgesiedelt werden. 13 000 Dörfer werden in den Fluten versinken. 800 denkmalgeschützte Stätten werden für immer in den Wassermassen verschwinden. Tiere und Pflanzen werden in großem Ausmaß vernichtet.
Ein weiteres Problem stellt der Wegfall der regelmäßigen Naturdüngung durch Überschwemmungen im Unterlauf des Flusses dar.
Obwohl die Wasserkraft also als umweltfreundlich gilt, wirft sie Probleme auf, die beachtet und beim Vergleich mit anderen Energiegewinnungsarten in Betracht gezogen werden müssen.

Wasserpotenzial weltweit

	technisch mögliches Potenzial in GW · h/a	vorhandene Stromerzeugung in GW · h/a
Afrika	1 400 000	50 000
Asien	6 000 000	650 000
Europa	2 200 000	540 000
Nordamerika	900 000	570 000
Ozeanien	280 000	39 000
Süd-/Zentralamerika	4 000 000	390 000
Welt	15 000 000	2 300 000

1
Itaipu-Wasserkraftwerk in Brasilien/Paraguay

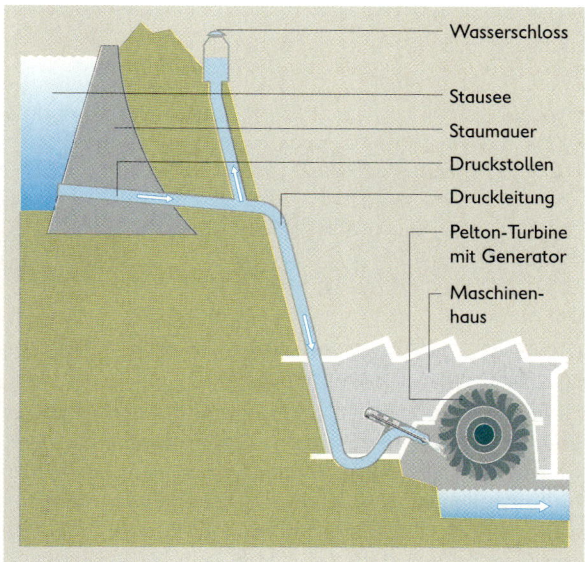

2
Wasserkraftwerk mit Peltonturbine

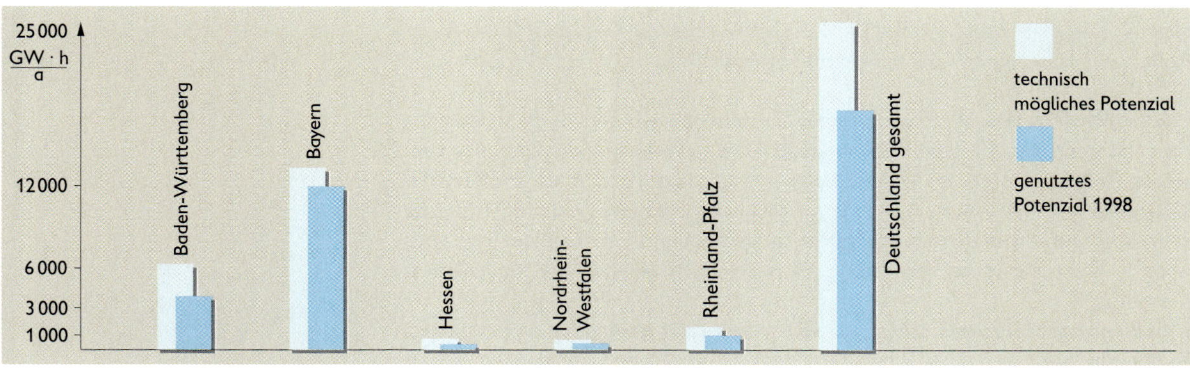

3
Technisch mögliches und genutztes Wasserkraftpotenzial in Deutschland

Gezeitenkraftwerke. *Funktionsprinzip:* Gezeitenkraftwerke nutzen die Meeresströmung, die durch Ebbe und Flut entsteht. Durch die Anziehungskraft des Mondes auf die Weltmeere sowie die Bewegung von Erde und Mond um ihren gemeinsamen Schwerpunkt entstehen an den Küsten in regelmäßigem Rhythmus die Gezeiten: Ebbe und Flut. Die Periode, mit der z. B. der Wasserhöchststand wiederkehrt, beträgt 12 Stunden und 25 Minuten. Für eine technische Nutzung der Gezeitenenergie ist ein Gezeitenhub (Differenz der Wasserhöhe zwischen Hoch- und Niedrigwasser, auch „Tidenhub" genannt) von mindestens 5 Metern notwendig.
Über 10 m beträgt der Tidenhub im Norden Frankreichs und Süden Englands, im Norden Kanadas, an der Spitze Südamerikas, in Indien, China, Japan und Australien. Trichterförmige Buchten oder Mündungsarme eignen sich besonders gut.

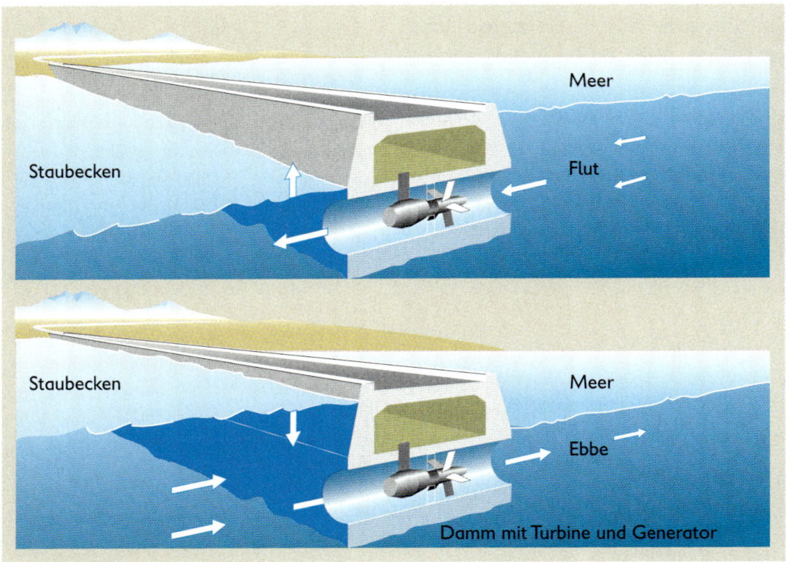

1 Gezeitenkraftwerk St. Malo (Frankreich)

2 Schema eines Gezeitenkraftwerkes

3

Energieaufkommen: Das weltweit technisch nutzbare Potenzial beträgt etwa 200 000 Megawatt (MW). In der Rancemündung an der französischen Atlantikküste bei Saint Malo ging 1967 das größte Gezeitenkraftwerk der Welt mit einer Leistung von 240 MW in Betrieb. Ähnlich wie bei einem Laufwasserkraftwerk werden die Turbinen vom anlaufenden und abfließenden Wasser angetrieben.
An der kanadischen Atlantikküste bei Annapolis ist eine ganze Gezeitenkraftwerkskette von 130 Anlagen im Bau. Die gesamte Produktion elektrischer Energie entspricht der von sechs Kernkraftwerken. Gezeitenkraftwerke sind völlig emissionsfrei und betriebssicher. Dennoch sprechen Landschaftsschutzargumente an manchen Standorten gegen solche großräumigen Anlagen.
Für die Energieversorgung in der Bundesrepublik spielt die Gezeitenenergie keine Rolle, weil hinreichende Tidenhübe nicht vorhanden sind.

Wellenkraftwerke. Wer schon einmal in der Meeresbrandung gebadet oder die zerstörerischen Auswirkungen von Flutwellen gesehen hat, der kann sich vorstellen, welche Energie im Wellenschlag enthalten ist. Theoretisch eröffnet die Wellenenergie interessante Nutzungsmöglichkeiten. Das weltweite Potenzial ist sehr groß. Die Umweltrisiken sind vergleichsweise gering. Das Problem liegt aber noch in der technischen Verwertung. Es gibt jedoch bereits viele fantasievolle Vorschläge:
Der *Brandungswellenbrecher* besteht aus mehreren übereinander angeordneten Kammern. Durch die an der Schrägseite des Wellenbrechers auflaufenden Wellen

strömt das Wasser beim Zurücklaufen der Welle durch Aufwerfen der Kammerverschlussklappen in die Kammern. Die Fallhöhe zwischen den Kammern und dem Meeresspiegel wird zur Stromerzeugung mithilfe von Wasserturbinen ausgenutzt. Eine solche Anlage liegt in der Bucht von Tokio. Sie ist 80 m lang, 12 m breit und 15 m hoch und hat eine Leistung von einem Megawatt.
Mit *Knickflößen* experimentiert man seit 1978. Wellenklappen sind zu schwimmenden Flößen mit Drehgelenken zusammengefügt. Dadurch wird die Wellenbewegung in eine Knickbewegung und schließlich in Kompressionsarbeit in den Zylindern mit Kolben umgesetzt. Eine 125-kW-Station wurde vor der Insel Honshu (Japan) in Betrieb genommen.
Wellenenergiewandler werden in Kalifornien entwickelt. Beim Eintauchen des Schwimmkörpers schiebt sich Wasser durch eine lange Röhre und ein Klappenventil in ein Reservoir. Ist es gefüllt, strömt Wasser über eine Reihe von Turbinen zurück ins Meer.
Bei großtechnischer Energieentnahme aus einer Welle vor der Küste muss man eine mögliche Abschwächung der Küstenbrandung bedenken. Die Austauschvorgänge wie Sauerstoff- und Planktontransport zwischen Oberfläche und tieferen Wasserschichten und damit das biologische Gleichgewicht können dadurch lokal beeinflusst werden. Bei großtechnischer Nutzung könnten sich eventuell auch Behinderungen der Schifffahrt ergeben. Bisherige Systeme haben in der Erprobungsphase noch sehr geringe Leistungen, häufig unter 1 kW. Wirtschaftlichkeitsberechnungen für größere Einheiten sind gegenwärtig noch schwierig.

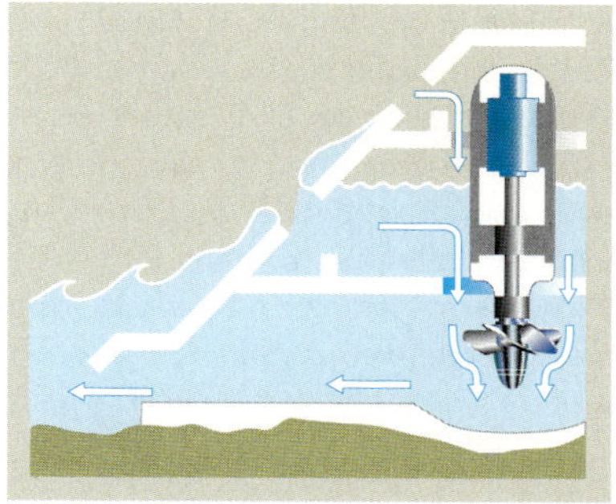
1
Brandungswellenbrecher

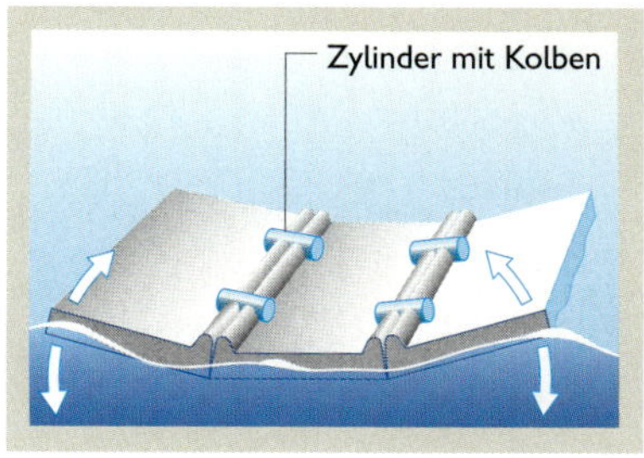

2
Knickfloß

Windkraftwerke

Eine alte Energienutzung. In den Hochlagen des Schwarzwaldes, der Eifel, der Rhön, des Harzes, des Erzgebirges und vor allem in den Küstengebieten von Nord- und Ostsee weht der Wind fast das ganze Jahr. Häufig bläst er dort so kräftig, dass schon vor Jahrhunderten unsere Vorfahren seine Energie ausnutzten, um das Korn zu mahlen oder Wasser zu schöpfen. Um das Jahr 1900 standen in Holland, Deutschland und Dänemark etwa 100 000 Windmühlen. Die zunehmende Versorgung mit aus Kohle gewonnener Elektrizität und die Verbreitung von Diesel- und Benzinmotoren führten zum Verschwinden der Windmühlen. Als Museen sind einige hundert bis heute erhalten geblieben.

3
Historische Windmühle

Neue technische Entwicklungen. In den siebziger Jahren des 20. Jahrhunderts stiegen die Ölpreise kräftig. Die Erschöpfbarkeit der Erdölvorräte rückte ins Bewusstsein. Windmühlen wurden als Erzeuger elektrischer Energie wieder entdeckt. Durch den Übergang von Holz zu immer besseren Stählen als Material für die Getriebe, durch die Entwicklung von Kunststoffen für die Rotorblätter und den Einsatz von Elektronik zur Steuerung und Regelung konnten leistungsstarke Windrotoren gebaut werden.
Im Jahr 1983 hat im Dithmarscher Kaiser-Wilhelm-Koog an der Nordseeküste der Probebetrieb von GROWIAN (Große Windenergieanlage) begonnen. Mit 150 m Gesamthöhe, wobei die beiden Rotorblätter jeweils 50 m lang waren, war es die größte Windenergieanlage der Welt. Bei einer Leistung von 3 Megawatt sollte GROWIAN rund 4 000 Haushalte mit Strom versorgen. Aber technische Probleme, insbesondere mit der Stabilität der Nabe, führten nach wenigen Monaten Probebetrieb zum Abriss der GROWIAN.
Seither erleben jedoch Windrotoren in Deutschland einen Boom. Dabei sind drei Viertel der Anlagen im Leistungsbereich von 200 bis 750 kW, also von mittlerer Größe. Sie sind vorrangig in Windparks von ca. 6 bis 20 Rotoren installiert.
Im Jahr 2000 waren in Deutschland etwa 10 000 Windkraftanlagen mit einer Gesamtleistung von über 5 000 MW in Betrieb. Das entspricht einer Verdoppe-

lung in 4 Jahren und einem Anteil an der Elektrizitätserzeugung von 1 %. Manche Prognosen rechnen mit einem möglichen Potenzial von etwa 10 % Anteil der Windenergie an der Elektrizitätsversorgung in Deutschland.
Am 1. April 2000 trat das „Erneuerbare-Energien-Gesetz“ in Kraft mit dem Ziel, unter Berücksichtigung von Umwelt- und Klimaschutz eine nachhaltige Entwicklung der Energieversorgung zu ermöglichen. Danach wird zukünftig Strom aus Windenergie mit einem Mindestbetrag pro Kilowattstunde von den Versorgungsunternehmen vergütet. Damit sind die wirtschaftlichen Voraussetzungen für das weitere Wachstum der Windenergienutzung in Deutschland gegeben.

1 Weltweit installierte Leistung

2 Moderner Windpark

Wie viel Energie steckt im Wind? Windenergie ist eigentlich das Ergebnis der Wirkung von Sonneneinstrahlung. Die Sonne erwärmt die Erde unterschiedlich je nach Einfallswinkel und Art der Oberfläche, je nach Tages- und Jahreszeit. Die Temperaturunterschiede bewirken Luftdruckunterschiede, weil warme Luft eine geringere Dichte hat als kalte. In kühlen Regionen entstehen Hochdruck-, in erwärmten Regionen Tiefdruckgebiete. Bewegungen von Luftmassen gleichen die Luftdruckunterschiede aus – es entsteht Wind.
An den Küsten und in den Gebirgen finden wir in Deutschland Windgeschwindigkeiten von über 4 m/s im Jahresmittel. In diesen Regionen ist eine wirtschaftliche Nutzung mit Windrotoren möglich. Physikalisch betrachtet nutzt man die kinetische Energie der bewegten Luftmassen. Die Leistung eines Windenergiekonverters lässt sich von zwei Faktoren beeinflussen:
- der Größe der vom Rotor überstrichenen Fläche,
- dem Standort des Rotors mit einer möglichst hohen mittleren Windgeschwindigkeit. Da die Windgeschwindigkeit v mit der dritten Potenz die Leistung beeinflusst, bedeutet eine Verdopplung von v eine achtfache Leistung.

Ein Windenergiekonverter kann dem Wind nicht die gesamte Energie entziehen. Die nutzbare Leistung beträgt maximal etwa 60 %. Man sagt auch, der Wirkungsgrad beträgt 0,6. Eine Windkraftanlage kann den Rotor nicht bis zum Stillstand abbremsen sondern höchstens auf ein Drittel der Anströmgeschwindigkeit.

Rotortypen. Die Leistung eines Windenergiekonverters hängt vom Rotortyp ab und von der erreichten Schnelllaufzahl λ. Als Schnelllaufzahl definiert man die Geschwindigkeit der Flügelspitzen in Relation zur Windgeschwindigkeit

$$\lambda = \frac{v_{\text{Flügelspitze}}}{v_{\text{Wind}}}.$$

Langsamläufer wie der Savoniusrotor (siehe S. 37) funktionieren nach dem Widerstandsprinzip und haben Schnelllaufzahlen kleiner als 1.

Schnellläufer erreichen Werte bis zu λ = 15. Das heißt, dass die Flügelspitzen der Rotoren bei einer Windgeschwindigkeit von 50 km/h (entspricht Windstärke 6 bis 7) eine Bahngeschwindigkeit von 750 km/h erreichen. Das bedeutet eine enorme Kraft auf die Blätter und hohe Materialanforderungen.

Ein Überblick über verbreitete Windkonvertertypen bietet Hinweise auf ihre Vorzüge und Nachteile:

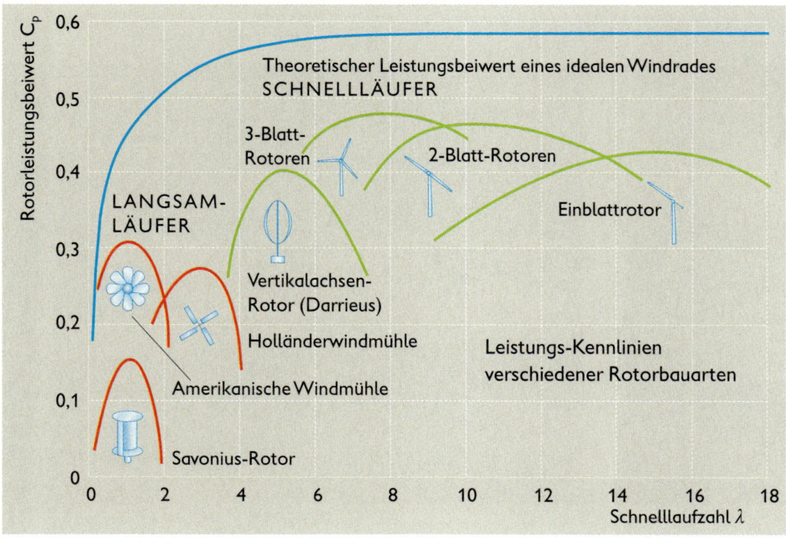

1

2

Dreiblatt-Rotor

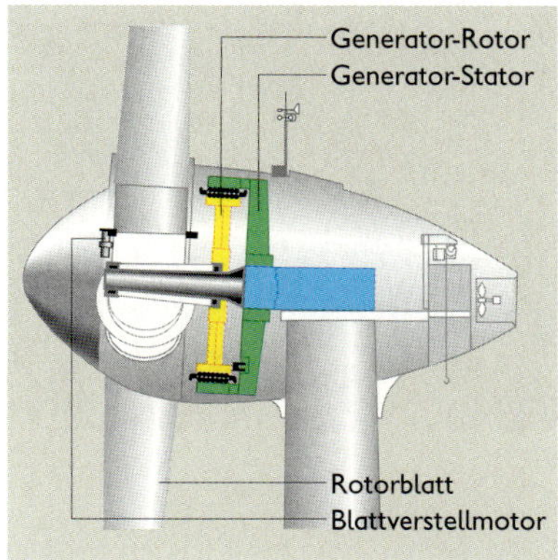

3

Schematischer Aufbau eines Dreiblatt-Rotors

Savonius-Rotor: Der Savonius-Rotor ist ein Widerstandsläufer. Seine Funktion beruht auf dem unterschiedlichen Luftwiderstand von Halbschalen, je nachdem, ob sie von der hohlen oder der gewölbten Seite angeblasen werden. Dadurch entsteht ein Drehmoment. Dieses Prinzip liegt den üblichen Windgeschwindigkeitsmessern, den Anemometern, zugrunde. Savonius-Windrotoren sind einfach gebaut, aber ihr Wirkungsgrad ist vergleichsweise gering. Sie werden häufig zum Pumpen von Wasser eingesetzt.

Dreiblatt-Rotor: Die am weitesten verbreiteten Rotortypen sind Dreiblattanlagen. Ein Beispiel aus der mittleren Leistungsklasse ist in Bild 2 dargestellt.

Diese getriebelose Windenergieanlage ist über 2 000-mal weltweit installiert und erprobt. Der Rotor verfügt über eine aktive Blattverstellung (Bild 3) und dreht im Uhrzeigersinn.

Darrieus-Rotor: Als am 8. Dezember 1931 der Franzose *Georges J. M. Darrieus* vom amerikanischen Patentamt für seine Turbine, die ihre Drehachse quer zur Strömung hat, eine Registrierung erhielt, hatte die Windenergienutzung weltweit bereits an Bedeutung verloren. Der Dieselmotor hatte nicht nur an Europas Küsten die jahrhundertelange Windmühlengeschichte beendet, sondern auch den amerikanischen Vielflügel-Blech-Rotor (Bild 4) aus den Weiten der Prärie weitgehend verdrängt.

Darrieus hatte bereits zwei dreiblättrige Rotortypen vorgeschlagen: Einen mit geradlinigen Blättern parallel zur Rotationsachse und einen mit gekrümmten Blättern in Form eines durchhängenden Seils, um die Biegekräfte, hervorgerufen durch die Zentrifugalkraft, zu verringern (Bild 5). Durch die Weiterentwicklung im Materialbereich erlebt das Darrieus-Patent heute eine Bedeutung bei der Elektrizitätserzeugung. So befindet sich in Kanada ein fast 100 Meter hoher Zweiblatt-Darrieus-Rotor in Betrieb, der 4 MW bei 20 m · s^{-1} Windgeschwindigkeit liefert.

In Laichingen auf der Schwäbischen Alb hat die „Energieversorgung Schwaben" eine 30 m hohe Anlage gleichen Typs errichtet.

4

Amerikanischer Vielflügel-Rotor

5

Darrieus-Rotor in Herolstadt

5 Energie und Lebensvorgänge

Organismen benötigen zum Leben Energie. Grüne Pflanzen wandeln in den Laubblättern einen Teil der Sonnenenergie in solche Energieformen um, die von den Lebewesen genutzt werden können. Ohne Sonne kein Leben!

1

2

Experimente und Beobachtungen

Fotosynthese: Solarnutzung zur Biomasseproduktion

Folgene Gefahrenhinweise sind zu beachten:
[F] leichtentzündliche Stoffe
[C] ätzende Stoffe
[Xn] gesundheitsschädliche Stoffe

Experiment 1: Lege ein Blättchen der Wasserpest oder von einem Laubmoos in einen Tropfen Wasser auf einen Objektträger. Lege ein Deckglas darüber und betrachte das Objekt unter dem Mikroskop!
Zeichne einige Zellen und beschrifte die Zeichnung!

Experiment 2: Zerschneide 5 g Brennnesselblätter mit einer Schere und zerreibe sie mit Seesand in einem Mörser. Füge dann unter ständigem Reiben langsam 20 ml Brennspiritus [F] hinzu. Filtriere die Lösung!

Experiment 3: Fülle 5 ml Rohchlorphylllösung aus Exp. 2 in ein trockenes Reagenzglas und stelle es in einem dunklen Raum in den Strahlengang eines Projektors. Beobachte und erkläre!

Experiment 4: a) Fülle ein großes Becherglas (2 l) mit Wasser. Lege 5 Sprosse der Wasserpest, die vorsichtig abgeschnitten wurden, mit den Schnittstellen nach oben in einen breiten Trichter und setze ihn so in das Becherglas ein, dass die Pflanzen von Wasser bedeckt sind!
b) Fülle nun ein Reagenzglas mit Wasser, verschließe es fest mit dem Daumen und bringe die verschlossene Öffnung unter Wasser. Stülpe das Reagenzglas über den Trichter, achte darauf, dass keine Luft ins Reagenzglas gelangt (Abb. 3). Stelle das Becherglas ins Sonnenlicht oder vor eine starke Lichtquelle (Lampe oder Diaprojektor). Beobachte die Pflanzen! Was kannst du feststellen?

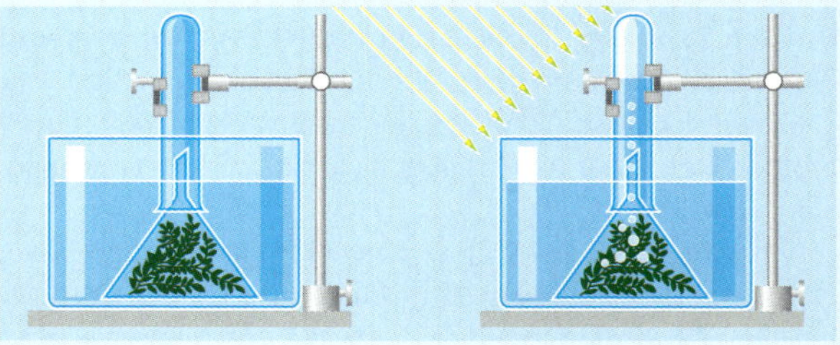
3

c) Betrachte die Planzen nach einem Tag! Notiere deine Beobachtungen. Nimm das Reagenzglas vorsichtig vom Trichter, verschließe es unter Wasser mit dem Daumen. Führe dann die Spanprobe durch. Interpretiere das Ergebnis!

Experiment 5: a) Schneide Blätter von Kapuzinerkresse, Buschbohne oder Geranie ab, die einige Stunden dem Sonnenlicht ausgesetzt waren. Tauche sie mit einer Pinzette eine Minute in kochendes Wasser und lege sie dann in ein Becherglas mit heißem Brennspiritus [F]. Brennspiritus darf nur im Wasserbad erhitzt werden, nie mit offener Flamme! Das Chlorophyll wird aus den Blättern herausgelöst, sie erscheinen gelblich-weiß. Spüle die Blätter mit Wasser ab, lege sie in eine Petrischale und tropfe Iod-Kaliumiodidlösung darauf!

b) Führe das gleiche Experiment mit panaschierten (weiß-grün-gemusterten) Blättern, z. B. von Geranien oder Ahorn durch. Notiere die Ergebnisse! Was hast du nachgewiesen?

Experiment 6: Bringe am Abend an Blättern von intakten Pflanzen (z. B. Buschbohne, Kapuzinerkresse) Schablonen aus Alufolie an. Entnimm die Blätter am nächsten Tag nach mehrstündiger Belichtung und führe die Stärkeprobe wie in Experiment 5 durch. Werte deine Ergebnisse aus!

1

2

Experiment 7: Lege 2 Petrischalen mit je 3 Lagen Filterpapier aus und befeuchte sie mit ca. 15 ml Wasser. Bringe in jede Schale 25 Kressesamen und lege die Deckel auf. Stelle eine Schale ans Licht, die andere dunkel. Ermittle nach 3 bis 4 Tagen das Aussehen der Keimpflanzen. Beschreibe und erkläre deine Beobachtungen!

Experiment 8: Ziehe in zwei Blumentöpfen oder Glasschalen junge Kressepflanzen an!
Stelle eine der Schalen entsprechend Bild 3 unter eine Glasglocke, in der sich 10%ige Kaliumhydroxidlösung in einer Schale befindet. Kaliumhydroxid [C] bindet das Kohlenstoffdioxid der Luft. Stelle beide ans Fenster. Beobachte nach 3 Tagen. Vergleiche Aussehen und Farbe der Pflanzen. Miss die Längen der Sprossachsen und bestimme die Anzahl der Blätter. Erkläre die Unterschiede!

3

Experiment 9: Weise Stärke in Knollen von Kartoffeln, in Samen von Mais und in Samen von Bohnen nach. Lass die Samen von Mais und Bohnen 2 Tage in Wasser quellen. Zerschneide dann alle Materialien und tropfe Iod-Kaliumiodidlösung auf. Protokolliere die Ergebnisse!

Experiment 10: Reibe eine Kartoffel und drücke sie durch ein Leinentuch aus. Fülle 2 ml des Kartoffelsaftes in ein Reagenzglas und füge 3 Tropfen Natronlauge (10 %) [C] und 1 Tropfen Kupfelsulfatlösung (10 %) [Xn] hinzu. Eine Violettfärbung zeigt das Vorhandensein von Peptidbindungen an.

Experiment 11: Zerschneide Samen von Sonnenblume und Haselnuss. Zerdrücke je ein Stück davon mit dem Daumen auf Filterpapier!

a) Setze daneben einen kleinen Wassertropfen und ein kleines Öltröpfchen. Halte dann das Filterpapier gegen das Licht. Betrachte und vergleiche! Welchen Stoff hast du in den Samen nachgewiesen?

b) Prüfe einige Pflanzenteile, z. B. Apfel, Zwiebel, Banane auf das Vorhandensein von Stärke, Eiweiß und Fett. Protokolliere die Ergebnisse!

Experiment 12: Stelle wie in Experiment 10 Kartoffelpresssaft her!

a) Fülle je 3 ml in zwei Reagenzgläser. Kartoffelpresssaft enthält das Enzym Katalase, welches in den Zellen Wasserstoffperoxid zu Sauerstoff und Wasser zersetzt. Füge nun in ein Reagenzglas 3 ml Wasserstoffperoxid (5 %) [C], in das andere 3 ml Wasser hinzu (Bild 4a). Beobachte und vergleiche. Führe im 1. Reagenzglas die Spanprobe durch. Erkläre deine Ergebnisse!

b) Fülle 15 ml Kartoffelsaft in ein Reagenzglas und füge Wasserstoffperoxid [C] bis zum Rand zu. Verschließe das Reagenzglas mit einem durchbohrten Stopfen, in dem sich eine Glasröhre befindet. Stelle das Reagenzglas umgekehrt in ein Becherglas (Bild 4b). Führe in dem leeren Glas dann die Spanprobe durch!

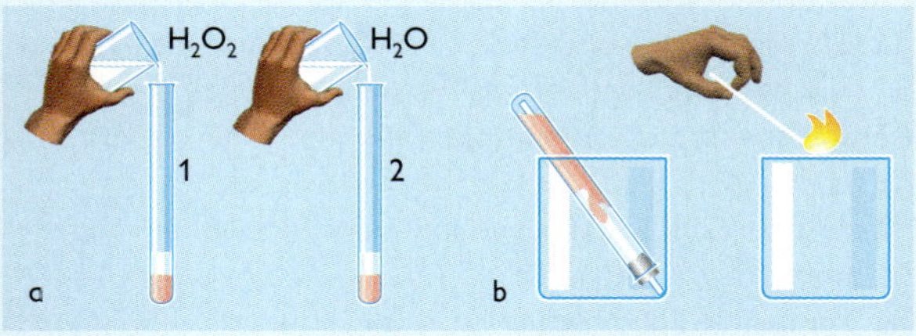

4

Experiment 13: Stelle eine verdünnte Stärkelösung her, indem du in einem Erlenmeyerkolben 1 g Stärke mit 100 ml Wasser aufkochst. Fülle in 2 Reagenzgläser je 6 ml abgekühlte Stärkelösung. Gib einige Tropfen Iod-Kaliumiodidlösung zu, sodass die Lösung hellblau gefärbt ist. Füge nun dem 1. Glas 1 Teelöffel Speichel zu, dem 2. Glas 1 Teelöffel Wasser (Kontrollexperiment). Beobachte und erkläre die Ergebnisse!

Experiment 14: Gib je einen Löffel Stärke bzw. Traubenzucker in ein Reagenzglas, gib 7 ml Wasser hinzu und schüttle kräftig. Vergleiche die Ergebnisse!

Energiegewinnung der Organismen

Experiment 15: Fülle ein Reagenzglas mit 4 ml Kalkwasser [C]. Blase durch ein Glasrohr mehrmals Luft hinein. Beobachte das Kalkwasser. Befestige einen Kerzenstummel an einem Draht, zünde ihn an und bringe ihn in einen Standzylinder. Fülle einen 2. Standzylinder mit ausgeatmeter Luft, indem du mit einem Glasrohr 10-mal in den Zylinder ausatmest. Dabei sollte die Luft vor dem Ausatmen jeweils 15 s angehalten werden! Führe nun eine brennende Kerze in den Standzylinder. Beobachte und erkläre die Ergebnisse!

Experiment 16: Fülle einen Standzylinder zur Hälfte mit frischen Blüten von Klee, Löwenzahn, Dahlie oder Rose. Stelle eine kleine Petrischale mit etwas Kalkwasser [C] auf die Blüten und verschließe den Standzylinder mit einer Glasplatte. Betrachte das Kalkwasser am nächsten Tag! Was hast du nachgewiesen?

Experiment 17: Fülle einen Thermosbehälter mit gequollenen, keimenden Samen von Erbse, Bohne oder Lupine. Verschließe das Gefäß mit einem durchbohrten Stopfen, in dem sich ein Thermometer befindet. Verfahre in gleicher Weise mit einem leeren Thermosgefäß. Lies nach 10; 20 und 30 Minuten die Temperatur an beiden Thermometern ab. Notiere die Werte und erkläre!

Experiment 18: a) Löse in einem 400-ml-Erlenmeyerkolben 20 g Traubenzucker in 200 ml Wasser von etwa 30 °C auf. Schlämme darin ein erbsengroßes Stück Bäckerhefe auf!

Setze auf den Erlenmeyerkolben einen Gäraufsatz (Bild 1), in dem sich Kaliumhydroxidlösung [C] befindet. Beobachte und beschreibe!

1

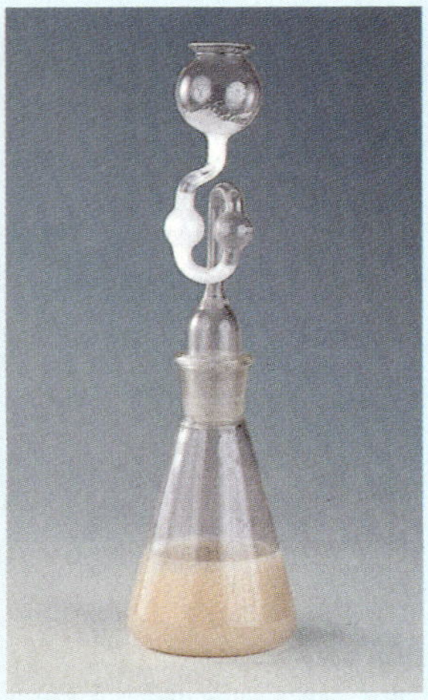

2

b) Filtriere die Hefe-Zuckersuspension aus Teil a am nächsten Tag. Bringe das Filtrat in einen Erlenmeyerkolben, der über ein U-förmig gebogenes Glasrohr mit einem Becherglas verbunden ist, das in einem Becherglas mit Eiswasser steht. Erhitze nun den Erlenmeyerkolben auf 80 bis 90 °C, bis sich etwa 4 ml Destillat im Reagenzglas befinden. Prüfe nun den Geruch des Destillats. Bringe zehn Tropfen auf den Metalldeckel einer Konservendose und zünde sie mit einem Streichholz an. Interpretiere die Ergebnisse!

Experiment 19: Wiege 2-mal je 25 Kressesamen ab. Lege sie in 2 Blumentöpfe und lasse sie 2 Wochen im Licht wachsen (Gießen nicht vergessen!). Ziehe die Pflänzchen danach vorsichtig aus der Erde, spüle die Wurzeln ab und trockne sie mit Küchenkrepp ab. Wiege sie getrennt und ermittle den Zuwachs an Biomasse!

Aufgaben und Fragen

1. Zimmerpflanzen, die an dunklen Standorten stehen, wachsen nur kümmerlich. Warum ist das so?
2. Welche Bedeutung hat das Chlorophyll für die Fotosynthese?
3. Erläutere die Energieumwandlungen, die während der Fotosynthese stattfinden!
4. Vergleiche autotrophe und heterotrophe Ernährung miteinander. Fertige eine Tabelle an!
5. Sind fleischfressende Tiere in ihrer Ernährung von Pflanzen abhängig? Begründe deine Antwort!
6. Welche Funktion erfüllen Enzyme im Stoffwechsel?
7. Erläutere die Verdauungsvorgänge und nenne ihre Bedeutung!
8. Wie gewinnen Organismen die für ihre Lebensvorgänge notwendige Energie?
9. Erkläre die Rolle von ATP im Stoffwechsel!
10. Warum sollen in einem Schlafraum keine Blattpflanzen stehen?
11. Sportler nehmen vor einem Wettkampf häufig Traubenzucker zu sich. Begründe!
12. Nach intensiver sportlicher Betätigung schwitzt man. Erkläre diese Reaktion!
13. Vergleiche Atmung und Gärung unter energetischem Aspekt!
14. Warum wäre ohne Sonne kein Leben auf der Erde möglich?
15. Welche energetischen Beziehungen bestehen zwischen Assimilation und Dissimilation?
16. Nenne Beispiele für die Nutzung von Energie aus Biomasse!
17. Sammle Pressemeldungen zur Nutzung von Energie aus Biomasse und bewerte sie!
18. Erkunde in deiner Umgebung (Stadt/Kreis), wo Energie aus nachwachsenden Rohstoffen genutzt wird!
19. Diskutiere Vor- und Nachteile der Energiegewinnung aus Biomasse unter dem Gesichtspunkt des Umweltschutzes!

Fotosynthese – vom Licht zur Biomasse

Der Frage, wovon sich Pflanzen ernähren, gingen viele Forscher nach. Lange Zeit nahm man an, dass Pflanzen sich nur vom Boden ernähren. Erst vor mehr als 300 Jahren stellte der holländische Arzt *van Helmont* (1577 bis 1644) fest, dass Pflanzen von Erde allein nicht leben können. Naturwissenschaftler fanden schließlich heraus, dass Pflanzen in der Lage sind, aus Kohlenstoffdioxid und Wasser mithilfe von Licht und Blattgrün (Chlorophyll) organische Stoffe zu bilden. Diesen Vorgang nannten sie Fotosynthese. Für das Leben auf der Erde ist die Fotosynthese von großer Bedeutung.

1
Sonnenlicht als Lebensgrundlage

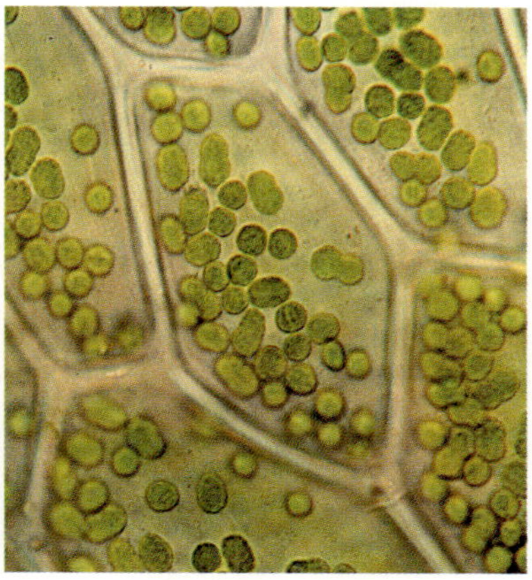
2
Zellen mit Chloroplasten

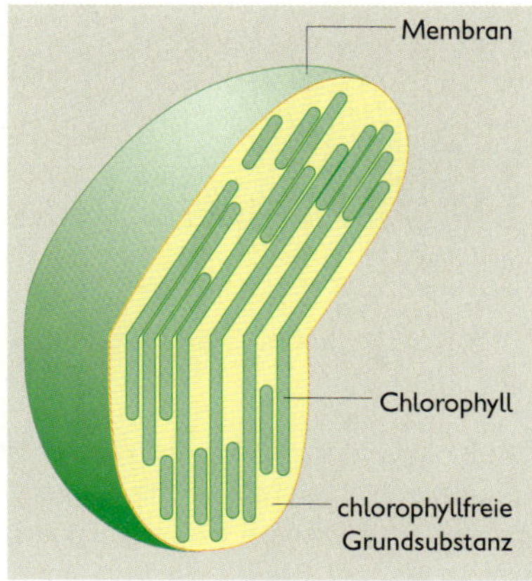

3
Chloroplast (Schnittdarstellung)

Ausgangsstoffe und Bedingungen der Fotosynthese. Chlorophyll ist eine komplizierte organische Verbindung, die sich in den Chloroplasten der Zellen grüner Pflanzenteile befindet. Chlorophyll verleiht den Pflanzen ihre grüne Farbe. Chloroplasten sind meist linsenförmig (Bilder 2; 3 und Exp. 1). Ihre innere Membran ist stark gefaltet, in ihr befindet sich das Chlorophyll (Bild 3). Neben Chlorophyll sind noch orange/gelbe Farbstoffe, die Carotinoide und gelbe, die Xanthophylle in den Chloroplasten vorhanden. (Exp. 2). Chloroplasten sind bei grünen Pflanzen die einzigen Orte der Fotosynthese. In Laubblättern sind sie in der Palisaden- und Schwammschicht lokalisiert (Bild 4).

Kohlenstoffdioxid befindet sich als farb- und geruchloses Gas in der Luft (Volumenanteil: 0,036%). Es wird durch die Spaltöffnungen der Laubblätter aufgenommen und diffundiert über die Zellzwischenräume (Interzellularen) in die Zellen.

Wasser wird durch die Wurzeln aus dem Boden aufgenommen und durch die Wasserleitungsbahnen in alle Zellen der Pflanzen transportiert.

Licht ist die Energiequelle für die Fotosynthese. Die Strahlungsenergie wird während dieses Vorgangs in Energie der Stoffe, in chemische Energie, umgewandelt.

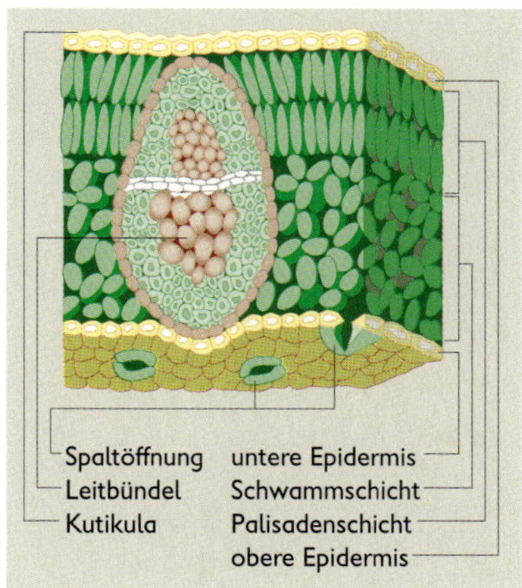

4
Innerer Aufbau eines Laubblattes

1. Phase der Fotosynthese. Licht wird vom Chlorophyll absorbiert (aufgenommen). Welche Prozesse laufen in den Chloroplasten ab, damit aus energiearmen, anorganischen Stoffen (Wasser und Kohlenstoffdioxid) energiereiche organische Stoffe (Zucker und Stärke) entstehen? Die Energie des Lichtes (Strahlungsenergie) führt das Chlorophyll in einen energiereichen „angeregten" Zustand. Das angeregte Chlorophyll kann auf verschiedene Weise die Energie wieder abgeben:

- als Wärme,
- als Strahlung (Exp. 3) (Fluoreszens),
- durch Energieübertragung,
- bei der Auslösung chemischer Reaktionen, z. B. zur Spaltung von Wasser.

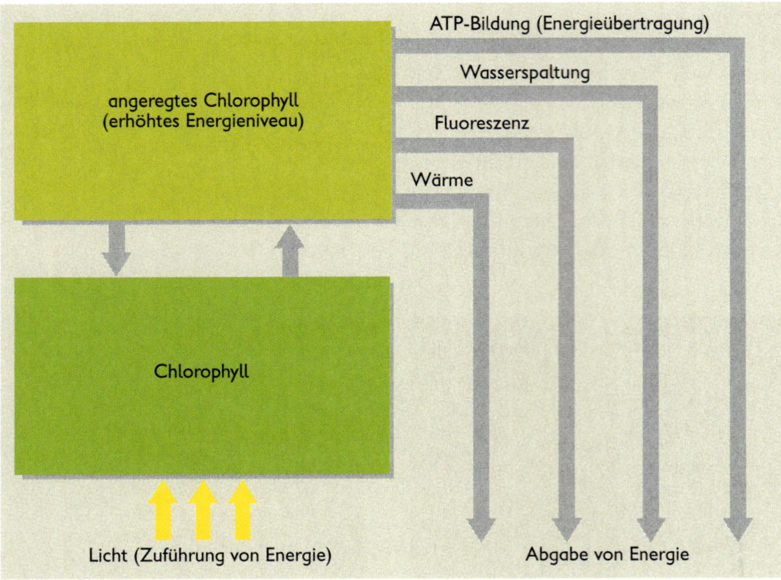

1

Energieumwandlung während der 1. Phase der Fotosynthese

Bei der Wasserspaltung wird Wasser in die Elemente Sauerstoff und Wasserstoff gespalten. Wasserstoff wirdan ein Enzym gebunden, er wird für den weiteren Ablauf der Fotosynthese benötigt. Sauerstoff entweicht als Gas durch die Spaltöffnungen (Exp. 4). Die für die Spaltung des Wassers notwendige Energie wird vom „angeregten" Chlorophyll bereitgestellt.

ATP-Bildung: Ein großer Teil der Energie des „angeregten" Chlorophylls wird zur Bildung einer energiereichen Verbindung, des so genannten ATP, verwendet. ATP (Adenosintriphosphat) entsteht aus seiner Vorstufe ADP (Adenosindiphosphat). ATP ist der universelle Energiespeicher aller Organismen und ein Transportmittel für Energie. Es kann Energie leicht wieder abgeben.

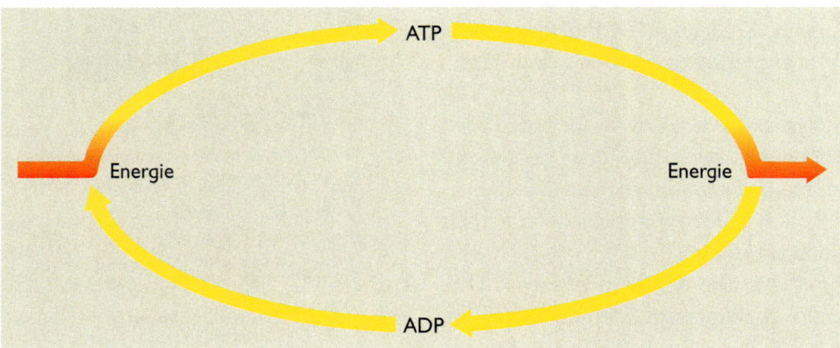

2

Diese Energieumwandlungsprozesse werden als lichtabhängige Reaktion bezeichnet. Im Ergebnis entstehen Wasserstoff und ATP, außerdem wird Sauerstoff frei.

2. Phase der Fotosynthese. In der 2. Phase der Fotosynthese wird Kohlenstoffdioxid durch den Wasserstoff, der in der 1. Phase gebildet wurde, reduziert und über viele komplizierte Teilreaktionen entsteht Glucose (Exp. 5 und 6). Die dafür notwendige Energie wird vom ATP bereitgestellt, die im ATP gespeicherte Energie geht auf Glucose über. Glucose ist eine energiereiche Verbindung, sie enthält chemische Energie. Die 2. Phase benötigt kein Licht, sie wird auch lichtunabhängige Reaktion genannt (Bild 1, folgende Seite).

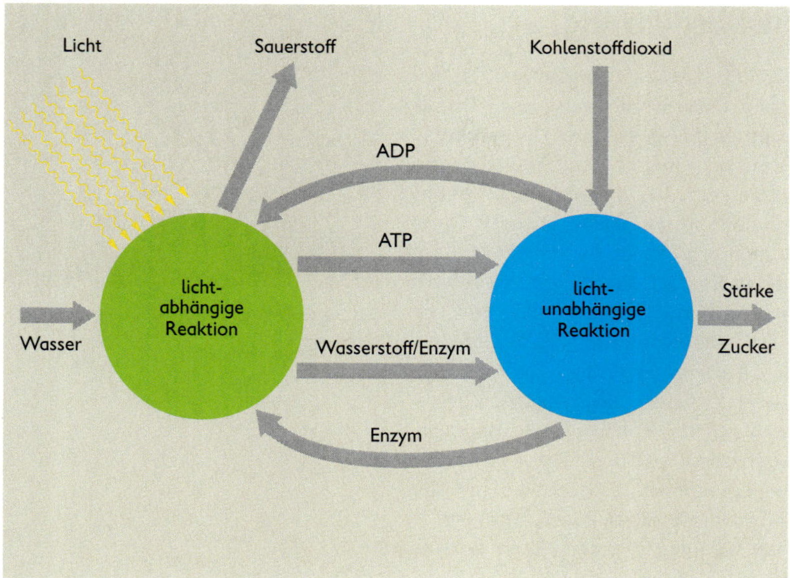

1 Gesamtprozess der Fotosynthese

In den Chloroplasten sind aus den energiearmen anorganischen Stoffen Wasser und Kohlenstoffdioxid mithilfe von Licht und Chlorophyll der energiereiche organische Stoff Glucose und Sauerstoff entstanden (Experimente 7 und 8).

$$\text{Kohlenstoffdioxid} + \text{Wasser} \xrightarrow[\text{Chlorophyll}]{\text{Licht}} \text{Glucose} + \text{Sauerstoff}$$

$$6\,CO_2 + 6\,H_2O \longrightarrow C_6H_{12}O_6 + 6\,O_2 + 2\,875\text{ kJ (je Mol)}$$

Bildung weiterer organischer Stoffe. Die bei der Fotosynthese gebildete Glucose ist Ausgangsstoff für den Aufbau aller weiteren organischen Verbindungen in den Pflanzenzellen.

Aus Glucose und anderen Stoffen, vor allem Stickstoff und Schwefel aus Mineralsalz-Ionen, werden Eiweiße gebildet. Es sind wichtige Bestandteile der Zellen. Auch alle übrigen Stoffe, die in den pflanzlichen Zellen vorhanden sind, wie Fette, Vitamine, Nukleinsäuren, Zellulose, Duft- und Aromastoffe werden letztlich aus Glucose hergestellt.

In den Chloroplasten wird die Glucose unmittelbar nach ihrer Entstehung in Stärke umgewandelt. Stärke besteht aus über 10 000 Glucoserestmolekülen. Das Stärkemolekül ist schraubenförmig gewunden (Bild 2). Nachts wird Stärke wieder zu wasserlöslichen Zuckern abgebaut, die dann in den Siebröhren in die Zellen der Pflanzen transportiert werden, in denen keine Fotosynthese stattfindet, z. B. in die Wurzelzellen. Der Überschuss an Zucker, der nicht für Stoffwechselvorgänge benötigt wird, wird oft in Form von Mehrfachzuckern in Speicherorganen (z. B. Knollen oder Wurzeln) abgelagert. In den Speicherorganen wird Zucker nach seinem Transport erneut in Stärke, die Speicherstärke, umgewandelt (z. B. in Kartoffelknollen oder Getreidekörnern) oder es werden Fette gebildet (z. B. in Rapssamen oder Sonnenblumensamen).

Die Fotosynthese liefert den Pflanzen die Energie für den Aufbau aller für das Wachstum erforderlichen Stoffe (Baustoffe), ersetzt den bei der Atmung verbrauchten Sauerstoff und erzeugt auch jene großen Mengen energiereicher Stoffe, von denen sich letztlich das Leben auf der Erde erhält. Durch Fotosynthese werden weltweit jährlich 150 Milliarden Tonnen Zucker produziert.

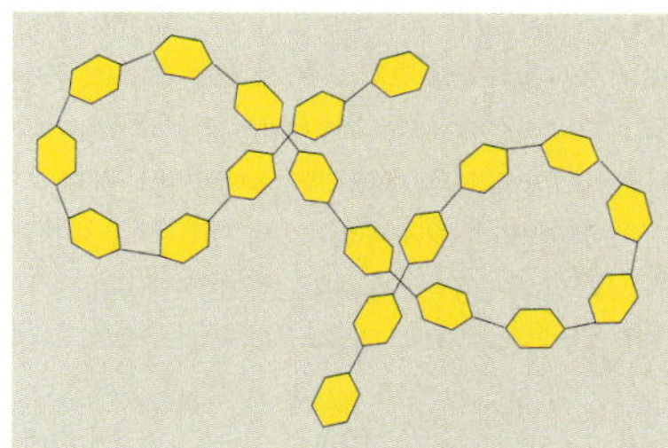

2 Schraubenförmig gewundenes Stärkemolekül

3 Kartoffelpflanze mit Sprossknollen

Autotrophe und heterotrophe Ernährung

1

Blätter der Petersilie als Teil unserer Nahrung

Grüne Pflanzen bilden aus körperfremden, anorganischen, energiearmen Stoffen körpereigene, organische, energiereiche Stoffe. Diese Ernährungsweise wird als autotrophe Ernährung bezeichnet (*autos:* selbst, *trephein:* ernähren). Mensch und Tier sind nicht in der Lage, organische Stoffe aus anorganischen zu bilden. Sie müssen organische Stoffe mit der Nahrung aufnehmen. Aus diesen körperfremden Stoffen werden durch vielfältige Umwandlungen körpereigene gebildet. Diese Ernährungsweise nennt man heterotrophe Ernährung (*heteros:* verschieden).
Pflanzen bilden somit die Nahrungsgrundlage für fast alle Organismen. Auch Steak ist letztlich nur vom Rind umgewandeltes Gras. Zur Ernährung von Tier und Mensch können alle Pflanzenteile dienen; Samen und Früchte (z. B. Getreide, Bohnen, Obst), Blätter (z. B. Weißkohl, Zwiebeln, Petersilie), Sprossachsen (z. B. Kartoffelknollen, Spargel, Kohlrabi) oder Wurzeln (z. B. Möhren, Zuckerrüben, Schwarzwurzeln). In ihnen sind Eiweiße, Fette, Kohlenhydrate, Vitamine, Mineralien und andere Stoffe enthalten (Experimente 9, 10 und 11).
Damit körpereigene Stoffe aufgebaut werden können, müssen die mit der Nahrung aufgenommenen Nährstoffe (Kohlenhydrate, Eiweiße und Fette) erst in ihre Grundbausteine zerlegt werden. Diese Vorgänge werden durch Enzyme gesteuert.

Enzyme sind Eiweißverbindungen, die biochemische Reaktionen in den Organismen ermöglichen, indem sie träge Reaktionen durch Herabsetzung der Aktivierungsenergie beschleunigen. Aktivierungsenergie ist die Energie, die notwendig ist, um eine chemische Reaktion in Gang zu setzen.
Enzyme wirken, indem sie mit dem umzusetzenden Stoff, z. B. Stärke (Substrat) eine Bindung eingehen und einen Enzym-Substrat-Komplex bilden. Dabei passen Enzym und Substrat zueinander wie Schlüssel und Schloss (Bild 2).

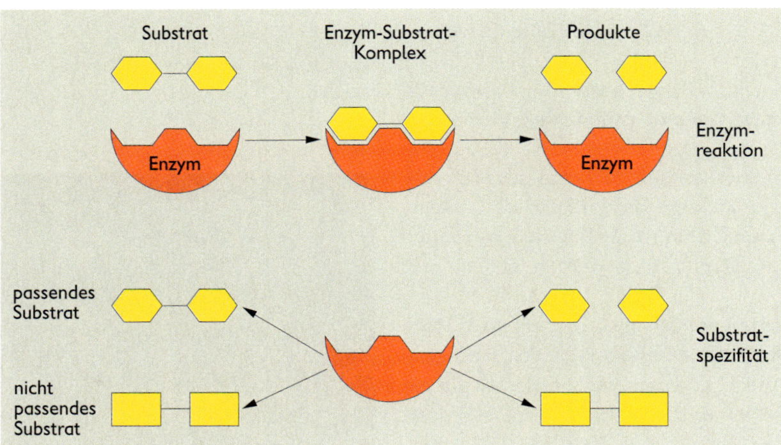

2

Modellvorstellungen zur Wirkungsweise von Enzymen

Durch die Bindung des Substrats wird dieses in einen reaktionsbereiten Zustand versetzt, es kann abgebaut werden oder mit einem anderen Stoff reagieren. Das oder die Reaktionsprodukt(e) lösen sich vom Enzym, das Enzym geht unverändert aus der Reaktion hervor und steht erneut für die Bindung von Substrat zur Verfügung. Aus diesem Grund werden Enzyme als Biokatalysatoren bezeichnet. Jedes Enzym ist substratspezifisch, d. h. es wird nur ein bestimmter Stoff umgesetzt (Exp. 12) bzw. es wird nur eine bestimmte Reaktion gesteuert. So steuert das Enzym Katalase den Abbau des für die Zellen giftigen Wasserstoffperoxids (Substrat) zu Wasser und Sauerstoff.

Verdauung. Bei der Verdauung wird die aufgenommene Nahrung in ihre Grundbausteine zerlegt. Dieser Prozess soll am Beispiel des Menschen dargestellt werden: In der Mundhöhle wird die Nahrung durch das Kauen mechanisch zerkleinert, damit wird ihre Oberfläche vergrößert und die Verdauungsenzyme können besser wirken. Gleichzeitig wird die Nahrung mit Speichel vermischt. Im Mundspeichel befinden sich stärkespaltende Enzyme, die Stärke in Mehrfachzucker und Zweifachzucker spalten (Bild 1 und Exp. 13).
Der Nahrungsbrei gelangt durch die Speiseröhre in den Magen, dort beginnt die Eiweißverdauung. Eiweiße bestehen aus vielen Aminosäuremolekülresten, sie werden durch das Enzym Pepsin in Bruchstücke, die Polypeptide, gespalten (Bild 2). Im Zwölffingerdarm werden Polypeptide, Mehrfach- und Zweifachzucker durch Enzyme der Bauchspeicheldrüse weiter abgebaut und die Fettspaltung beginnt (Bild 3). Im Dünndarm erfolgt durch Enzyme der vollständige Abbau von Zwei- und Mehrfachzuckern zu Glucose, von Eiweißbruchstücken zu Aminosäuren und von Fetten zu Fettsäuren und Glycerin.
Die löslichen Grundbausteine (Exp. 14) werden durch die feinen Blutgefäße in der Darmwand aufgenommen und mit dem Blut zu allen Zellen des Körpers transportiert. Dort werden aus ihnen körpereigene Eiweiße, Fette und Kohlenhydrate und andere Stoffe aufgebaut. Der Abbau erfolgt bei den Tieren in gleicher Weise. Bei einzelligen Tieren wirken Enzyme in den Zellen, manche Tiere, z. B. Spinnen, geben Verdauungsenzyme nach außen ab und nehmen dann die vorverdaute Nahrung auf.

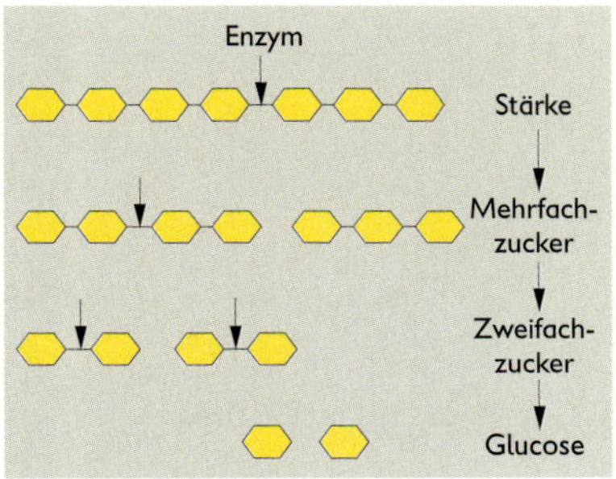

1

Verdauung von Kohlenhydraten

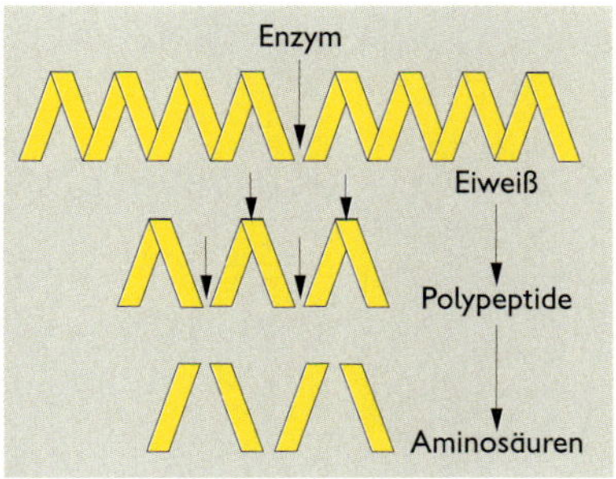

2

Verdauung von Eiweißen

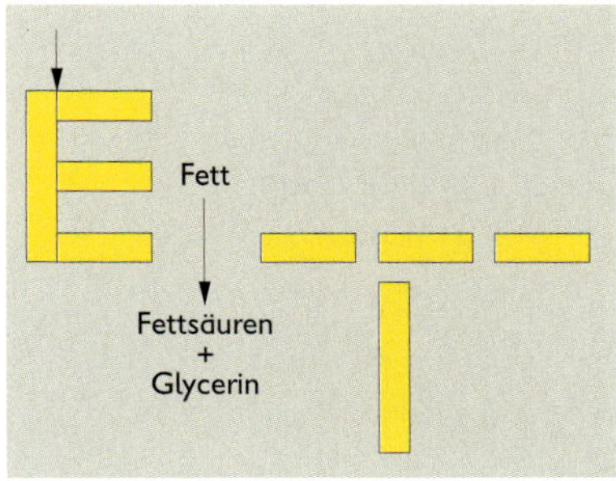

3

Verdauung von Fetten

Energieumwandlung bei Organismen

Für alle Stoffwechselvorgänge der Lebewesen wird Energie benötigt. In besonderen Situationen, so beim Leistungssport, aber auch bei intensiver geistiger Tätigkeit (Bild 4) muss dem menschlichen Körper ausreichend Energie zur Verfügung gestellt werden. Diese Energie befindet sich als chemische Energie in den mit der Nahrung aufgenommenen organischen Stoffen. Die Energiegewinnung erfolgt durch Atmung und Gärung.

Atmung. Durch die Atmungsorgane oder die Körperoberfläche nehmen Menschen und Tiere Sauerstoff aus der Luft auf und geben Kohlenstoffdioxid wieder ab. Atmungsorgane bzw. die Körperoberfläche sind Orte des Gaswechsels. Sauerstoff wird dann im Körper in alle Zellen transportiert, hier finden die Prozesse der Energieumwandlung statt. Das entstehende Kohlenstoffdioxid wird wieder zu den Atmungsorganen oder zur Körperoberfläche transportiert und ausgeschieden.
In den Zellen werden zuerst die Kohlenhydrate, vor allem Stärke, zu Glucose abgebaut. Glucose wird dann schrittweise mithilfe von Enzymen zerlegt. Es entstehen dabei Wasserstoff, organische Zwischenverbindungen und ATP. Wasserstoff wird an ein Enzym gebunden. Dieser 1. Schritt findet im Zellplasma statt.

4

Schachspieler benötigen besonders in Wettkämpfen viel Energie.

Der Hauptteil der Energie wird in den Mitochondrien umgewandelt. Mitochondrien sind Zellbestandteile mit einer Doppelmembran, deren innere Membran gefaltet ist (Bild 1).

Besonders viele Mitochondrien befinden sich in solchen Zellen, in denen der Energiebedarf sehr hoch ist, z. B. in den Zellen des Herzmuskels und der Leber. In den Mitochondrien wird aus den organischen Zwischenverbindungen, die im Zellplasma gebildet werden, Kohlenstoffdioxid abgespalten, das über die Atmungsorgane oder die Körperoberfläche an die Umwelt abgegeben wird. Erst jetzt kommt Sauerstoff ins Spiel. Mit seiner Hilfe erfolgt eine schrittweise Oxidation des Wasserstoffs, in deren Ergebnis Wasser gebildet und Energie frei wird. Diese Energie wird zur Bildung von ATP aus ADP verwendet. Ein Teil der Energie wird als Wärme frei, die auch zur Aufrechterhaltung der Körpertemperatur dient.

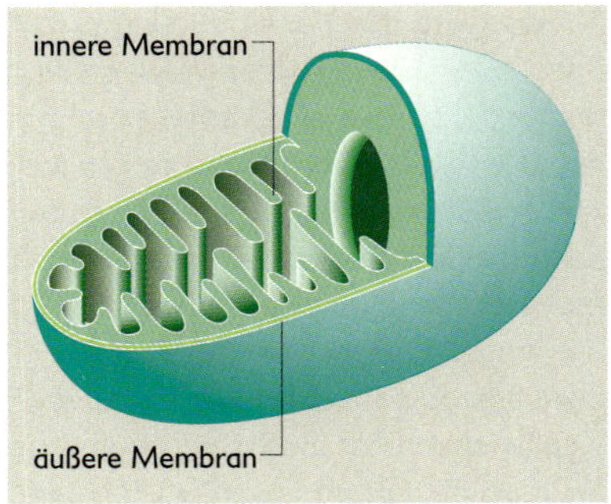

1 „Kraftwerk“ Mitochondrium

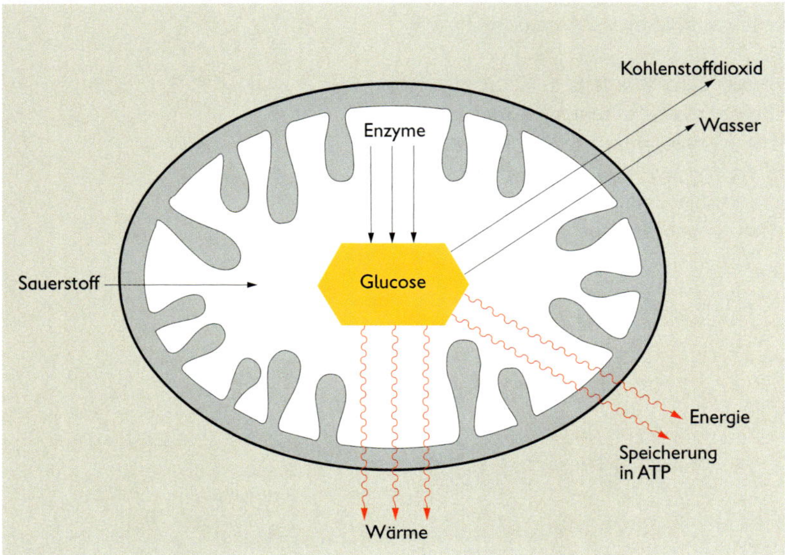

2 Energiefreisetzung bei der Atmung

Grüne Pflanzen stellen mithilfe der Lichtenergie energiehaltige organische Stoffe her. Um die Energie dieser Stoffe nutzen zu können, müssen auch grüne Pflanzen atmen.

Der Gasaustausch erfolgt durch die Spaltöffnungen der Blätter, die Oberfläche von Wurzeln, Sprossachsen und Blüten und durch Poren bei verholzten Pflanzenteilen. Am Tage laufen Atmung und Fotosynthese gleichzeitig ab.

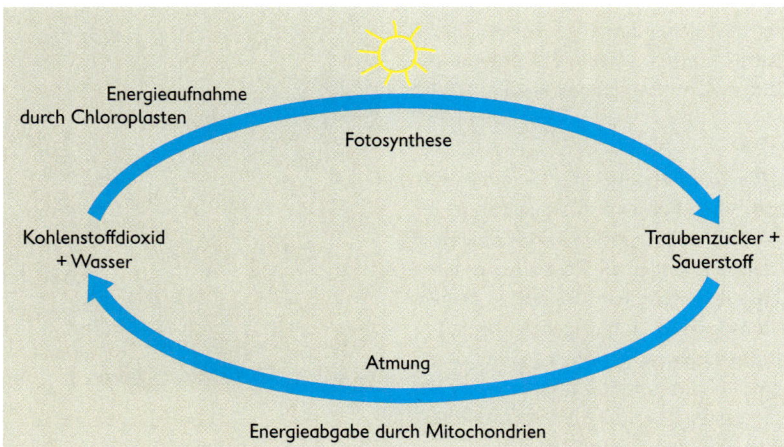

3

Tagsüber ist die Sauerstoffabgabe größer als die Sauerstoffaufnahme, die Kohlenstoffdioxidabgabe aber geringer als die Aufnahme. Nachts findet auch bei Pflanzen nur Atmung und keine Fotosynthese und somit auch keine Sauerstoffabgabe statt. Der Ablauf der Energieumwandlung in den Zellen ist der Gleiche wie bei Menschen und Tieren (Exp. 16).
Frühjahrsblüher können sich z. B. mit der bei der Atmung erzeugten Wärme (Exp. 17) regelrecht durch den Schnee schmelzen (Bild 1).

1

Ein Frühblüher „bahnt" sich seinen Weg durch den Schnee.

Bei der Atmung entstehen bei allen Organismen aus:

Glucose + Sauerstoff ⟶ Kohlenstoffdioxid + Wasser + Energie

$$C_6H_{12}O_6 + 6\,O_2 \longrightarrow 6\,CO_2 + 6\,H_2O + \text{Energie (ATP)}$$

Beim Abbau von 1 mol Glucose werden 38 mol ATP gebildet, die eine Energiemenge von 1 159 kJ speichern können. Der Energiegehalt von 1 mol Glucose beträgt aber 2 875 kJ, das heißt, dass nur 40 % der Gesamtenergie zur ATP-Bildung ausgenutzt werden, der Wirkungsgrad also 40 % beträgt. Im Vergleich dazu arbeiten Dampfmaschinen mit einem Wirkungsgrad von bis zu 15 % und Verbrennungsmotoren mit etwa 35 %.
Fette können ebenfalls zur Energiegewinnung durch Atmung verwendet werden. Beim Abbau von 1 mol Fett werden 460 mol ATP gewonnen. Zugvögel speichern Fett als Energiereserve für den Flug, denn Fett liefert die 12fache Energiemenge von Glucose. Würde man z. B. die etwa 10 kg schwere Fettreserve eines Menschen von 70 kg Körpermasse in Form von Kohlenhydraten speichern, betrüge die Masse über 120 kg!

ATP wird in den Zellen der Lebewesen ständig gebildet, es steht sofort als Energielieferant zur Verfügung. Bei einem erwachsenen Menschen sind es täglich 80 kg ATP.

Die Gesamtheit der energetischen Vorgänge in den Organismen bezeichnet man als Energiehaushalt. Auch bei völliger Ruhe benötigen die Organismen Energie zur Erhaltung ihrer Lebensfunktionen, z. B. für Atmung, Herztätigkeit, Blutkreislauf und Körpertemperatur. Diesen Teil des Energieumsatzes nennt man *Grundumsatz*. Er kann aus dem Sauerstoffverbrauch pro Zeiteinheit berechnet werden. Den Grundumsatz des Menschen bestimmt man im Liegen, bei ausgeglichener Umgebungstemperatur (ca. 20 °C) und 12 Stunden nach der letzten Nahrungsaufnahme (morgens, nüchtern). Der Grundumsatz ist abhängig vom Körpergewicht, vom Alter und vom Geschlecht. Er beträgt bei einem Erwachsenen von 70 kg Körpergewicht ungefähr 6 000 bis 7 000 kJ. Bei Kindern ist er am höchsten, Frauen haben einen 10 bis 20 % niedrigeren Grundumsatz.
Jede körperliche Betätigung erfordert zusätzlich Energie und erhöht somit den Energieumsatz. Schon beim Lesen eines Buches erhöht er sich um 3 %. Den Energiebedarf, der über den Grundumsatz hinausgeht, nennt man *Leistungsumsatz*.
Ein ausgeglichener Energieumsatz führt zu einem konstant bleibenden Körpergewicht. Eine negative Bilanz, d. h., es wird weniger Energie mit der Nahrung zugeführt als verbraucht wird, hat Gewichtsverlust zur Folge. Eine positive Energiebilanz hat ein Ansteigen des Körpergewichts zur Folge, denn die Energie liefernden Stoffe, die nicht verbraucht werden, werden als Reservestoff deponiert. Bei Pflanzen geschieht das in Samen, Wurzeln und Knollen, bei Menschen und Tieren vor allem in Form von Fettpolstern.
Eine ausgeglichene Energiebilanz beim Menschen kann sowohl durch eine sinnvolle Ernährung (Verringerung der Energiezufuhr) als auch durch ausreichende körperliche Betätigung (Erhöhung des Leistungsumsatzes) erreicht werden.

Durchschnittlicher Energiebedarf 14-jähriger Schüler pro Tag	
Jungen	9 600 kJ
Mädchen	8 900 kJ

Durchschnittlicher Energiebedarf verschiedener Altersgruppen (in %)	
20 bis 30 Jahre	100 %
40 bis 50 Jahre	94 %
60 bis 70 Jahre	80 %

Energiebedarf bei verschiedenen Tätigkeiten in kJ/h

Tätigkeit	Energiebedarf
Schlafen	273
Sitzen	503
Tanzen	4 190
Dauerlauf (10 km/h)	10 475
Brustschwimmen	11 942

Gärungen. Ohne Sauerstoff können die Zellen Glucose nur unvollständig abbauen. Diese Abbauvorgänge werden Gärungen genannt. Es entstehen noch relativ energiereiche Endprodukte (Exp. 18).
Der Energiegewinn eines Organismus durch Gärung ist deshalb gering, er beträgt nur 1/12 von dem der Atmung.
Hefepilze können auch ohne Sauerstoff aus Glucose Energie freisetzen. Glucose wird zu Ethanol und Kohlenstoffdioxid vergoren. Den Vorgang nennt man alkoholische Gärung.

$$\text{Glucose} \xrightarrow{\text{Hefepilze}} \text{Ethanol} + \text{Kohlenstoffdioxid} + \text{Energie}$$

$$C_6H_{12}O_6 \xrightarrow{\text{Hefepilze}} 2\,C_2H_5OH + 2\,CO_2 + \text{Energie (ATP)}$$

Das hierbei gebildete Kohlenstoffdioxid lockert z. B. beim Backen den Teig.

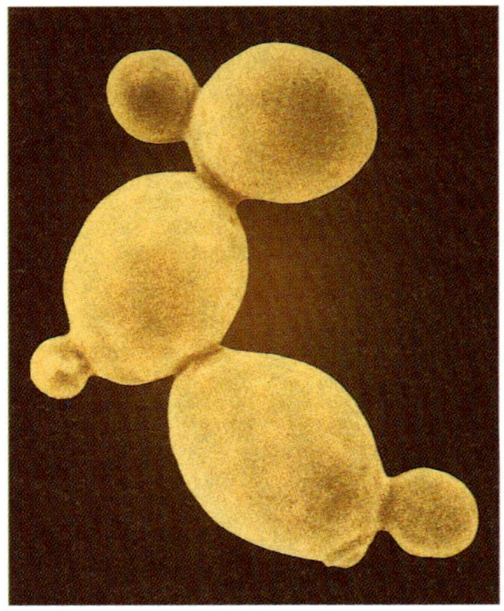
1
Hefepilzzellen

Auch viele Bakterien können durch Gärung Energie gewinnen.
Milchsäurebakterien bauen z. B. Zucker zu Milchsäure ab (Milchsäuregärung).

$$\text{Glucose} \xrightarrow{\text{Milchsäurebakterien}} \text{Milchsäure} + \text{Energie}$$

Mithilfe der Milchsäuregärung wird aus Milch Joghurt und Käse hergestellt (Bild 2), aus Weißkohl Sauerkraut.

2
Milchsäurebakterien sind an der Herstellung von Milchprodukten beteiligt.

Die Milchsäuregärung ist bei allen Wirbeltieren eine Möglichkeit, Energie bereitzustellen. Bei plötzlicher Gefahr fliehen z. B. Säugetiere unter Einsatz aller verfügbaren Reserven. Die intensive Muskelarbeit führt schnell zu Sauerstoffmangel. Eine weitere Flucht wäre nicht mehr möglich, wenn Energie nicht kurzzeitig durch Milchsäuregärung bereitgestellt werden könnte.
Bei Läufern tritt in den ersten ein bis zwei Minuten eines schnellen Wettkampfes Sauerstoffmangel auf. In dieser Zeit wird in den Muskelzellen Energie durch Milchsäuregärung gewonnen. Danach steht wieder ausreichend Sauerstoff zur Verfügung, da sich die Sauerstoffaufnahme bis um das achtfache erhöht hat.
Bei Gärungen entstehen aus 1 mol Glucose nur 2 mol ATP.

Energie aus nachwachsender Biomasse

Biomasse ist die gesamte durch Pflanzen und Tiere gebildete organische Substanz. Rund 90 % der Biomasse auf der Erde werden von den Pflanzen produziert (Exp. 19). Dabei werden etwa 0,1 % der eingestrahlten Sonnenenergie verbraucht. Das ist eine beträchtliche Energiemenge, sie entspricht rund 200 Milliarden t SKE. Der Weltenergieverbrauch beträgt nur einen Bruchteil davon, etwa 1,7 Milliarden t SKE. Pflanzen als erneuerbare Rohstoffe, aber auch Rest- und Abfallstoffe der pflanzlichen und tierischen Produktion, bieten vielfältige Möglichkeiten, fossile Energieträger zu ersetzen.

Verbrennung von Biomasse. Für die Energieumwandlung durch Verbrennung ist praktisch jede Art von Biomasse geeignet. In ersten Projekten werden Restholz und Stroh verwertet, aber auch schnell wachsende Pflanzen stehen in der Diskussion. Die zerkleinerte oder zu Pellets geformte Biomasse wird z. B. in regionalen Anlagen mit Kraft-Wärme-Kopplung verbrannt.

Biogasnutzung. Hauptbestandteil des Biogases ist Methan, ein farb- und geruchloses Gas, das brennbar ist. Methan entsteht in der Natur beim Abbau organischer Stoffe unter Luftabschluss – anaerob – (*aeros*: Luft, *an:* ohne) durch Methanbakterien. In Sümpfen oder am Grunde stark verschmutzter Gewässer bildet sich Sumpfgas, ein Gemisch aus Methan und Kohlenstoffdioxid. Bei der bakteriellen Zersetzung der Nahrung im Darm von Rindern entstehen je Rind und Tag etwa 150 l Methan. Die in der Natur ablaufenden Prozesse werden bei der Gewinnung von Biogas nachvollzogen. Unterschiedliche organische Stoffe werden mithilfe von Methanbakterien unter Luftabschluss vergoren, dabei entstehen Biogas und andere organische Verbindungen.

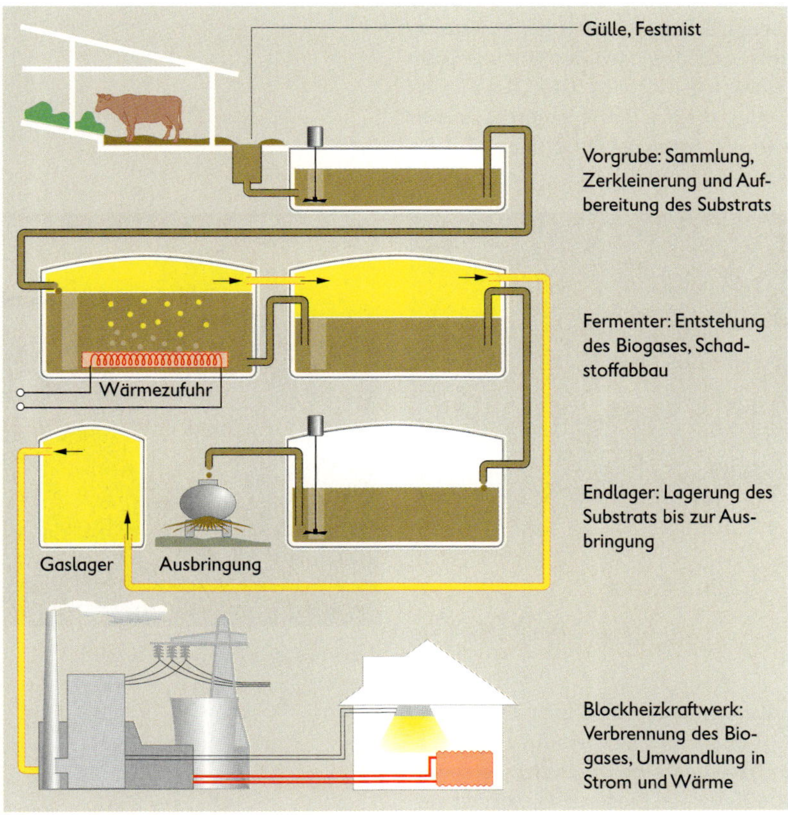

1

2

Gärbehälter einer Biogasanlage

Biogas aus Abfällen der landwirtschaftlichen Produktion: Die bei der Haltung von Tieren anfallenden Stoffe, wie Gülle, Kot und Streumaterial (vor allem Stroh) werden in große Tanks (Gärbehälter) gebracht, wo sie bakteriell unter Luftabschluss vergoren werden (Bild 2, S. 49). Es entstehen Biogas und organische Reststoffe. Das Biogas besteht zu etwa 60 % aus Methan. Es wird in Tanks geleitet und muss vor allem von Schwefelwasserstoff befreit werden, da dieses Gas giftig ist und Rohrleitungen angreift. Dazu wird Luft in die Gasbehälter eingeblasen, es entsteht Schwefel. Die organischen Reststoffe sind hochwertige Düngemittel, die bei ihrem Einsatz die Umwelt im Gegensatz zu Gülle nicht belasten. Die Anwendung dieser Düngemittel spart Kosten, die Biogasgewinnung Energie.

In den Ausgangsmaterialien dürfen keine Antibiotika, Konservierungsstoffe oder Reinigungsmittel enthalten sein, da diese das Wachstum der Methanbakterien hemmen. Biogas kann zur Wärmegewinnung und zur Stromerzeugung eingesetzt werden.

Biogas aus Müll: In Mülldeponien, in denen der Anteil an organischen Materialien sehr hoch ist, entsteht ebenfalls Biogas. Der Zutritt von Luftsauerstoff wird sowohl durch die sehr dichte Lagerung als auch durch Abdecken mit Kunststofffolien verhindert. Das entstehende Gas wird durch Bohrungen abgesaugt. Dieses Deponiegas kann zum Heizen verwendet werden.

Biogas aus Klärschlamm: In Klärwerken fallen bei der Reinigung von Abwässern beträchtliche Mengen an Klärschlamm an. Er kann in Faultürmen (Bild 1) ebenfalls einer Methangärung unterzogen werden. Das entstehende Faulgas besteht zu etwa 70 % aus Methan. Es wird vor allem als Heizgas eingesetzt. Der Restschlamm wird, wenn er keine Schwermetalle enthält, zur Bodenverbesserung in der Landwirtschaft benutzt.

1
Faulturm

Biokraftstoffe

Biodiesel. Aus den Samen mancher Pflanzen, z. B. Sonnenblumenkerne, Rapssamen oder Kokosnüssen, kann man durch Pressen Öl gewinnen, das sehr viel Energie enthält. Dieses Öl eignet sich zur Herstellung von Motorkraftstoff. Raps ist die in Deutschland am häufigsten angebaute Ölpflanze (Bild 2). Die Jahresproduktion von Rapsöl beträgt etwa 1,3 Millionen Tonnen, von denen ungefähr 15 bis 18 % zur Herstellung von Biodiesel verwendet werden.

2

3
Zapfsäule einer Biodiesel-Tankstelle

Nach der Ernte wird das Öl aus den Rapssamen gepresst. Durch Zusatz von Methanol entsteht aus den Fettsäuren des Rapsöls und aus dem Alkohol Rapsölmethylester, der Biodiesel. Er kann in allen Dieselmotoren eingesetzt werden. In Deutschland werden gegenwärtig rund 400 000 Tonnen Biodiesel hergestellt, der

an über 800 Tankstellen gezapft werden kann (Bild 3, S. 50). Eine Erweiterung der Rapsanbaufläche auf 1 Million Hektar würde es ermöglichen, dass in Zukunft 5 % bis 10 % des Dieselkraftstoffbedarfs durch Biokraftstoff aus Rapsöl gedeckt werden könnten.
Das Blockheizkraftwerk des Reichstagsgebäudes wird mit Biodiesel betrieben. Es deckt 80 % des Bedarfs an elektrischer Energie und 90 % des Wärmebedarfs.

Bioalkohol. Aus stärke- und zuckerhaltigen Pflanzenteilen kann durch Vergärung Bioalkohol hergestellt werden. Er dient als Kraftstoff oder Zusatz für Kraftstoffe. Gegenwärtig laufen Untersuchungen, Zellulose aus schnellwachsenden Pflanzen zu vergären. Dazu werden Schilfarten getestet, die drei- bis viermal so viel Biomasse produzieren wie andere Pflanzen. In Brasilien wird Bioalkohol aus Zuckerrohr und Maniok bereits in größerem Umfang hergestellt.

Der Einsatz von Biokraftstoffen wird vor allem hinsichtlich ökologischer Fragestellungen kontrovers diskutiert.

Übersicht der Vor- und Nachteile beim Einsatz von Biokraftstoffen:

Vorteile

- Biokraftstoff ist eine regenerative Energiequelle, da nachwachsende Rohstoffe verwendet werden.
- Die CO_2-Bilanz ist neutral, da so viel CO_2 freigesetzt wird, wie vorher durch die Pflanzen gebunden wurde. Dadurch wird der CO_2 Ausstoß formal um 65 % gegenüber Diesel aus Erdöl gesenkt.
- Die Summe aller Treibhausgase ist geringer, insbesondere findet keine SO_2-Abgabe statt.
- Treibstoff auf der Basis von Bioalkohol verbrennt nahezu rußfrei.
- Wird gewöhnlichem Benzin ein Anteil von ca. 3 % Bioalkohol beigemischt, arbeiten die damit betriebenen Motoren noch leistungsfähiger.
- Dieseltreibstoff aus Rapsöl ist biologisch abbaubar, Boden und Wasser werden nicht gefährdet. Biodiesel eignet sich daher besonders als Treibstoff für Fahrzeuge oder Motorsägen in Wald- und Wasserschutzgebieten.

Nachteile

- Durch den Einsatz von Maschinen für Anbau, Ernte und Transport beträgt die reale Senkung des CO_2-Ausstoßes nur etwa 35 %.
- Der Ausstoß von Stickstoffoxiden ist bis zu 10 % höher als beim Einsatz herkömmlicher Treibstoffe.
- Intensiver Rapsanbau kommt nicht ohne den Einsatz erheblicher Mengen an Dünge- und Pflanzenschutzmitteln aus. Daraus ergibt sich eine Gefährdung von Boden und Wasser.
- Bedingt durch Monokulturen besteht eine Beeinträchtigung der Tier- und Pflanzenwelt.
- Der zum Anbau notwendige Wasserbedarf ist hoch.
- In einer Zeit des Ernährungsnotstandes in vielen Gebieten der Erde erscheint es als zweifelhafter Luxus, Landwirtschaft zum Zweck der Treibstoffproduktion zu betreiben.

Der Anteil der Energie aus Biomasse am Primärenergieverbrauch betrug 1999 in Deutschland etwa 1 %.
Auch zukünftig stellt die Energiegewinnung aus Biomasse unter mehreren Alternativen einen Weg dar, um fossile Brennstoffe einzusparen bzw. langfristig zu ersetzen. Dem Schutz unserer Umwelt wird langfristig jedoch nur eine deutliche Senkung des Kraftstoffverbrauches dienen.

6 Energie rationell nutzen und speichern

Wozu überhaupt Energie sparen? Der Strom kommt doch aus der Steckdose. Oder? Viele Umweltprobleme sind eine direkte Folge unseres Umgangs mit Energie. Tankerunglücke und CO_2-Anstieg in der Atmosphäre sind nur zwei Beispiele dafür. Gerade, weil niemand weiß, wann und wie uns die Auswirkungen betreffen werden, müssen wir handeln.

1

Experimente und Beobachtungen

Experiment 1: a) Entleihe von deinem Physiklehrer oder dem örtlichen Stromversorger ein Energiemessgerät (Bild 1) und miss die Leistungsaufnahme von elektrischen Geräten!
b) Vergleiche deine Messergebnisse mit den Angaben in der Bedienungsanleitung oder auf dem Gerät.
Achtung: Elektrischer Strom ist gefährlich! Lies die Gebrauchsanweisung des Messgerätes sorgfältig durch, bevor du mit ihm arbeitest und beachte die Sicherheitshinweise, die ihr im Physikunterricht über den Umgang mit elektrischem Strom besprochen habt.
c) Untersuche größere Haushaltsgeräte (z. B. Kühlschrank, Gefriertruhe oder Fernseher) nur mit Einverständnis und Unterstützung deiner Eltern!

Experiment 2: Lege auf einen Heizkörper eine Metall- und eine Styroporplatte, die gleich dick sind. Beobachte das Verhalten von Eiswürfeln, die du auf beide Platten gelegt hast. Wodurch unterscheidet sich ihr Verhalten und was hat diesen Unterschied verursacht?

Experiment 3: Untersuche die Wärmedämmung eines Modellhauses, das du aus Pappe selbst hergestellt hast (Bild 2).
- Miss zu Beginn die Temperatur des leeren Hausinneren!
- Stelle eine Getränkedose mit sehr heißem Wasser, die als Heizung dienen soll, in das Haus und warte fünf Minuten bei geschlossenem Fenster. Miss danach erneut die Temperatur und vergleiche die Ergebnisse!
- Wiederhole das Experiment bei geöffnetem Fenster!
- Wiederhole das Experiment bei einer verbesserten Wärmedämmung, indem du das Haus mit Styropor oder anderen geeigneten Materialien abdeckst!

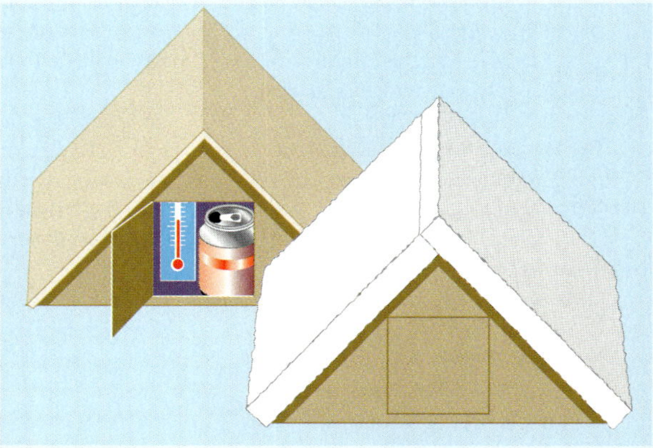

2

Experiment 4: Untersuche die Wirkung, die eine Glasscheibe auf die Wärmestrahlung hat, indem du einen Schuhkarton folgendermaßen präparierst:
- Schneide Styroporstücke zurecht, mit denen du Wände und Boden dämmst!
- Beklebe Innenwände und Boden mit schwarzem Papier!
- Befestige innerhalb des Kartons ein Thermometer so, dass sich die Spitze in der Luft befindet und nicht Boden oder Wände berührt!
- Stelle den Schuhkarton nun in die Sonne oder bestrahle ihn mit einer starken Lampe!
- Miss nach einigen Minuten die Temperatur!
- Decke den Karton danach mit einer Glasscheibe ab und führe eine weitere Messung durch. Vergleiche die Temperaturen!

Aufgaben und Fragen

1. In einer Werbebroschüre findet sich die Angabe: „Der Stromverbrauch dieser Spülmaschine ist extrem niedrig!“ Was ist an dieser Formulierung falsch? Wie könnte die Aussage richtig lauten?
2. a) Notiere eine Woche lang jeden Tag die Anzeige des Wechselstromzählers in eurer Wohnung. Berechne die durchschnittliche elektrische Arbeit, die täglich verrichtet wurde!
   b) Zähle alle Elektrogeräte in deiner Wohnung auf und schätze ab, welchen Anteil sie jeweils an der von dir festgestellten elektrischen Arbeit haben! Dazu ist es notwendig, dass du die elektrische Leistung und die Nutzungsdauer der Geräte kennst.
   c) Vergleiche deine Ergebnisse mit den Angaben deiner Mitschülerinnen und Mitschüler. Versuche herauszufinden, was die Gründe für den Unterschied in der verrichteten elektrischen Arbeit zwischen deiner Wohnung und der Wohnung deiner Mitschüler sind!
3. a) Untersuche, wo du zu Hause Möglichkeiten zum Energiesparen findest und überlege dir, wie du diese Möglichkeiten verwirklichen kannst!
   b) Erläutere in einem Bericht eine dieser Energiesparmaßnahmen ausführlich. Versuche abzuschätzen, wie viel Energie innerhalb eines Jahres dadurch weniger benötigt würde!
4. a) Suche im Internet nach Tipps zum Energiesparen und fasse sie in einem „Energiespar-Ratgeber“ zusammen!
   b) Schreibe einen kurzen Zeitungsartikel über Energieverschwendung an deiner Schule. Gib in diesem Artikel auch Vorschläge an, wie diese Verschwendung verhindert werden könnte!
5. Versuche, einen Tag vollständig auf elektrische Energie zu verzichten. Kann dir das gelingen?
6. Warum legen manche Autofahrer an sonnigen Tagen beim Parken eine Reflektorfolie hinter die Windschutzscheibe?
7. a) Ein Mehrfamilienhaus wird durch eine Ölmenge von 7 000 Litern beheizt. Wie viel Öl könnte man einsparen, wenn durch eine Verbesserung der Wärmedämmung die Wärmeabgabe über das Dach halbiert würde?
   b) Erkundige dich nach dem aktuellen Ölpreis und berechne, wie hoch die finanziellen Einsparungen wären!
8. Gib an, wie viel Energie in Deutschland jeder Einwohner täglich im Durchschnitt benötigt!
9. Warum ist es sinnvoll, einen Gefrierschrank abzutauen, wenn sich eine Eisschicht gebildet hat?
10. a) Erkundige dich bei deinen Eltern, welchen Betrag sie für die elektrische Energie von einer kW · h bezahlen müssen!
    b) Welche Kosten dürften im Haushalt des abgebildeten Wechselstromzählers (siehe Seite 54) damit insgesamt angefallen sein?
11. Was haben ein fallender Regentropfen und ein möglichst energiesparendes Auto gemeinsam? Begründe!
12. Was passiert in einer Brennstoffzelle mit einem Wirkungsgrad von 65 % mit der restlichen Energie? Wofür kann diese Energie im Haushalt genutzt werden?
13. a) Erkläre anhand der Karikaturen (Bilder 1 bzw. 2), warum Energiesparen notwendig ist!
    b) Welche anderen Gründe gibt es für einen sparsamen Umgang mit Energie noch?

1

2

Energiesparen als Energiequelle

Im Laufe seiner Entwicklung hat der Mensch sich unterschiedliche Energiequellen zunutze gemacht. Angefangen vom Feuer der Höhlenbewohner bis hin zum Großkraftwerk unserer Tage musste er dabei immer vorhandene Ressourcen möglichst schonend einsetzen. Denn ein verschwenderischer Umgang mit dem mühsam angehäuften und getrockneten Brennholz konnte fatale Folgen für unsere Vorfahren haben, wenn beispielsweise bereits mitten im Winter die Holzvorräte erschöpft waren. Ebenso unverantwortlich ist heute eine oft gedankenlose Verschwendung von Energie.
So müssen wir unter schwierigen Verhältnissen immer entlegenere Energiequellen erschließen und es wird immer teurer, beispielsweise im dünn besiedelten Sibirien Erdgasfelder auszubeuten oder mithilfe einer Tiefbohrung Erdöl unter dem Meeresgrund zu fördern. Deshalb ist es vielfach kostengünstiger, zu versuchen, die Verschwendung von Energie zu verringern. Denn eine Einsparung von Energie ersetzt nicht nur das Anzapfen neuer Energiequellen. Durch einen vernünftigen Umgang mit Energie sorgen wir ebenso dafür, dass Geld eingespart und die Umwelt weniger verschmutzt wird. Darüber hinaus bewirkt Energiesparen auch, dass künftige Generationen weiterhin nutzbare Energiequellen vorfinden.

1 Wechselstromzähler (Kilowattstundenzähler) für private Haushalte

Energiebilanz der privaten Haushalte. In privaten Haushalten wird bei zahlreichen Vorgängen Energie genutzt: Wir beleuchten abends unsere Räume, wir kühlen unsere Vorräte in elektrischen Kühlschränken, wir duschen mit Wasser, das unter Einsatz von Energie erwärmt werden musste, und benötigen an vielen weiteren Stellen im Haushalt Energie. Insgesamt setzen die privaten Haushalte in Deutschland jährlich zusammen die unvorstellbar hohe Energiemenge von 4,1 Exajoule ($4{,}1 \cdot 10^{18}$ J) um. Das sind etwa 30 % der in Deutschland eingesetzten Energie.
Doch dieser gigantische Betrag reicht nicht aus, um den Gesamtkonsum an Energie zu beschreiben. Indirekt ist die für die Privathaushalte aufgebrachte Energie weit größer, denn die Produkte und Güter, die wir täglich kaufen und verbrauchen, werden alle unter einem hohen Energieaufwand hergestellt.
Selbst Produkte wie beispielsweise ein Apfel, der am Baum von alleine wächst, haben einen erheblichen Energieeinsatz hinter sich, bis sie auf unseren Frühstückstischen landen. So wurde er mit Schädlingsbekämpfungsmitteln besprüht, bei der Ernte durch einen automatisierten Erntehelfer transportiert, in einer Packanlage erst elektronisch gewogen, dann maschinell verpackt und quer durch das Land in einem elektrisch betriebenen Kühlwagen zum Großabnehmer und danach zum Einzelhändler transportiert. Es gibt heutzutage kein Produkt mehr, das nicht mithilfe von elektrischer, chemischer oder thermischer Energie verarbeitet wird, bevor es in unsere Hände gelangt. Dieser indirekte Energiebedarf der privaten Haushalte beträgt insgesamt etwa 6 Exajoule ($6 \cdot 10^{18}$ J).
Somit werden durch uns jährlich direkt oder indirekt über 10^{19} J an Energie eingesetzt. Es lohnt sich also gerade in Privathaushalten, mit Gütern und Energie sorgsam umzugehen. Wiederverwenden und Recyceln von Verbrauchsgütern sind dabei wichtige Beiträge zum Energiesparen.

2 Auch Naturprodukte erreichen uns nur nach einem hohen Energieeinsatz.

Schein-Aus-Zustand und Stand-by-Betrieb. Am ärgerlichsten ist die Energieverschwendung dann, wenn Geräte Energie benötigen, ohne wirklich zu arbeiten. So fließt in vielen modernen Bürogeräten auch dann Strom, wenn sie ausgeschaltet sind. Bei den Geräten wurde aus Kostengründen kein wirklicher Hauptschalter eingebaut, sodass sie beim Ausschalten gar nicht vom Netz getrennt werden. Die Hersteller sparen dadurch Minimalbeträge an Materialkosten, während die Nutzer mit hohen zusätzlichen Kosten für elektrische Energie zu rechnen haben. Hier hilft nur, die Netzstecker herauszuziehen oder eine abschaltbare Steckerleiste zu verwenden.

3

Viele elektrische Geräte können per Fernbedienung aktiviert werden. Sie sind in dauernder Empfangsbereitschaft und benötigen dafür im Laufe der Zeit sehr viel Energie. Auch Computer, Kopierer oder Fax-Geräte sind oft in einem permanenten Wartezustand (engl.: *stand by*) und laufen weiter, während sie ihre eigentliche Funktion nicht erfüllen. Untersuchungen haben gezeigt, dass zum Beispiel Computer im normalen Arbeitsalltag lediglich 30 % ihrer dem Stromnetz entnommenen Energie zum Rechnen benutzen und 70 % der Energie untätig verschleudern.
Würde man diese Verschwendung verhindern, könnten mehrere Großkraftwerke abgeschaltet werden, denn zusammengerechnet verbrauchen die Geräte in Bereitschaftshaltung jährlich in Deutschland mehr Energie als eine Großstadt wie Berlin. Durch den Einsatz von Geräten mit geringen Verlustraten lässt sich dieser Missstand unterbinden. Solche sparsamen Geräte erkennt man unter anderem am Umweltzeichen „Blauer Engel" (Bild 3, S. 54), der nur energiesparenden und recyclingfähigen Geräten verliehen wird. Das zahlt sich für die Nutzer schließlich auch finanziell aus. Energiesparende Geräte sind zwar im Anschaffungspreis meist etwas teurer. Doch dies wird bald durch niedrigere Stromkosten ausgeglichen, denn zusammen zahlen die Privathaushalte in Deutschland jährlich rund 2,3 Milliarden Euro für überflüssige Leerlaufverluste.

Durchschnittliche jährliche Leerlaufverluste von typischen Elektrogeräten:

Gerät	$W_{stand\text{-}by}$
Satellitenempfänger	139 kW · h
Videogerät	120 kW · h
Faxgerät	104 kW · h
Elektroherd mit Uhr	48 kW · h
schnurloses Telefon	42 kW · h
Computer	41,7 kW · h
Fernseher	38,3 kW · h
Radiowecker	13,1 kW · h

Energiesparlampen. Das typische Beispiel für ein „Gerät", das in der Hauptsache gar nicht das macht, was es eigentlich soll, ist die Glühlampe. Mit ihrer Hilfe wollen wir eigentlich unsere Zimmer beleuchten, doch die zugeführte elektrische Energie wird von Glühlampen fast vollständig in Wärme umgewandelt. Nur etwa 3 bis 5 % der Energie wird tatsächlich als Licht abgestrahlt, denn es sind sehr hohe Temperaturen notwendig, um den Draht einer Lampe zum Glühen zu bringen. Die restlichen 95 bis 97 % wandelt die Glühlampe in thermische Energie um.
Ganz anders funktionieren Energiesparlampen. Wie bei einer Neonröhre wird ein Gas durch eine angelegte Hochspannung zum Leuchten angeregt. Bei diesem Prozess wird ein weit geringerer Anteil der elektrischen Energie in thermische Energie umgewandelt. Darüber hinaus haben Energiesparlampen eine höhere Lebensdauer als Glühlampen, sodass sie seltener ausgetauscht werden müssen. Über einen längeren Zeitraum gerechnet sind Energiesparlampen deshalb insgesamt preiswerter, obwohl der Kaufpreis von Glühlampen niedriger ist.
Eine noch bessere Lichtausbeute lässt sich mit Leuchtdioden erreichen. Derzeit wird intensiv an der Weiterentwicklung dieser Lichtquellen gearbeitet, die bereits heute bei geringen Leuchtstärken vielfach eingesetzt werden.

1
Energiesparlampe

2
Energiesparende Leuchtdioden im Pkw-Bremslicht

Lüften und Heizen. Damit die Wärme in den Wohnräumen verbleibt, sind in modernen Häusern die Wände sehr gut wärmegedämmt. Allerdings hat das auch Nachteile, denn in der Atemluft ist Wasserdampf enthalten. Ebenso bildet sich beim Duschen, durch den Einsatz von Wasch- und Spülmaschinen und durch unsere Zimmerpflanzen, die wir täglich gießen, Wasserdampf. Damit kein Schimmel entstehen kann, müssen wir unsere Wohnungen lüften. Oft geschieht das durch Ankippen der Fenster, die dann sehr lange offenstehen. Dadurch entweicht allerdings nicht nur die Raumluft, sondern es findet auch eine lang andauernde Abkühlung statt. Deshalb ist es energiesparender, die Fenster nur kurz, dafür jedoch vollständig zum Lüften zu öffnen. Die gesamte Innenluft wird so innerhalb kurzer Zeit ausgetauscht, während die in den Wänden gespeicherte thermische Energie erhalten bleibt.

Baden und Duschen. Für ein Vollbad benötigt man bis zu 200 Liter warmes Wasser (Bild 3). Das ist rund viermal so viel, wie bei einem durchschnittlichen Duschbad durch die Brause läuft. Somit spart man beim Duschen rund 3/4 der für die Erwärmung des Badewassers notwendigen Energie.

3

Wärmedämmung und Ökoarchitektur

Seit mehreren Hunderttausend Jahren besiedeln Menschen bereits klimatisch ungünstige Regionen. Um in solchen Gegenden zu überleben, in denen sie übermäßiger Hitze oder klirrender Kälte ausgesetzt sind, mussten sie lernen, ihre Behausungen gegen diese widrigen Umweltbedingungen zu schützen. In der sengenden Hitze der Wüsten helfen Schatten spendende Zeltdächer, in den windigen Ebenen Asiens leder- und filzbewährte Jurten und in den Polargebieten aus Schnee und Eis aufgetürmte Iglus (Bild 1). Damit diese Unterkünfte einen möglichst effektiven Schutz bieten, müssen unter anderem die folgenden Bedingungen erfüllt sein:

- Verwendung von Materialien mit geringer Wärmeleitfähigkeit,
- kompakte Bauweise mit wenig Außenflächen,
- Ausrichtung nach Süden,
- effektive Beheizung des Inneren.

Die Wärmedämmung kann dabei zwei unterschiedlichen Zielen dienen:

In einer heißen Umgebung soll keine Wärme in das Hausinnere gelangen, das angenehm kalt gehalten werden soll.
In einer kalten Umgebung soll keine Wärme aus dem Hausinneren verloren gehen, damit es angenehm warm bleibt.

Wärmespeicherung. In manchen Klimaregionen müssen auch beide Ziele erfüllt sein, wenn es beispielsweise nachts sehr kalt wird, während es tagsüber äußerst heiß ist. Da jedoch eine Wärmedämmung nie ganz perfekt sein wird, kann versucht werden, die thermische Energie zu speichern. So schlugen die Nabatäer riesige Anlagen in die Felswände der jordanischen Wüste (Bild 2). Der Fels wärmt sich am Tage auf und kann die gespeicherte Energie nachts an die Innenräume abgeben. Andererseits sorgt der nachts abgekühlte Fels tagsüber für ein erfrischendes Raumklima.

Energiebilanz eines Hauses. Die thermische Energie, die wir unseren Wohnungen im Winter durch den Betrieb von Heizanlagen, Wärmepumpen oder Öfen zuführen, soll in den Räumen für behagliche Temperaturen sorgen. Jedoch verbleibt die Wärme nicht in unseren Wohnhäusern, sondern wird nach außen abgegeben. Deutlich ist dies mithilfe der so genannten Thermografie zu erkennen (Bild 3): Die Teile des Hauses, die gelb, orange, oder gar rot zu sehen sind, haben eine vergleichsweise hohe oder sehr hohe Temperatur. Dort wird also weit mehr Wärme nach außen abgeleitet als bei den andersfarbigen Bereichen. Gut erkennbar ist auch, dass das angrenzende Gebäude am linken Bildrand deutlich mehr Wärme nach außen abgibt.
Die folgende Übersicht zeigt, wie viel die einzelnen Außenflächen eines Hauses durchschnittlich zur Wärmeabgabe an die Umgebung beitragen:

Außenwände:	ca. 25 %
Dach:	ca. 15 %
Keller:	ca. 10 %
Lüftung/Fenster:	ca. 35 %
Schornstein:	ca. 15 %

2001 hat die Bundesregierung eine neue Energiesparverordnung verabschiedet, die die Energieeinsparung bei Hausbauten regelt. Zukünftig müssen Neubauten in Deutschland dem Standard eines Niedrigenergiehauses entsprechen. Der Heizenergiebedarf von Neubauten wird damit um ca. 30 % gegenüber bisherigen Anforderungen gesenkt.

1
Iglu

2
Felshäuser bei Petra in der jordanischen Wüste

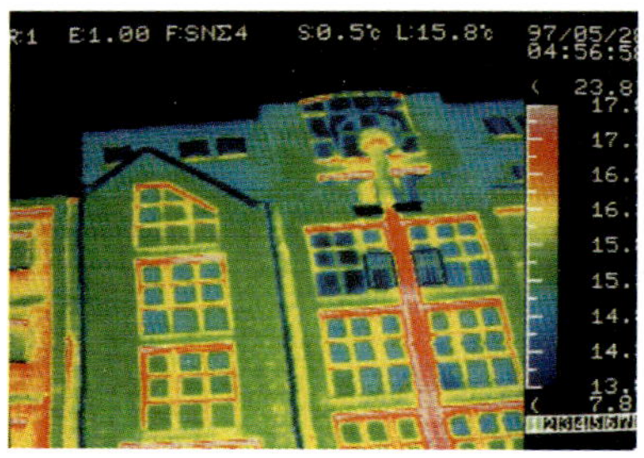
3
Infrarotaufnahme eines Wohnhauses

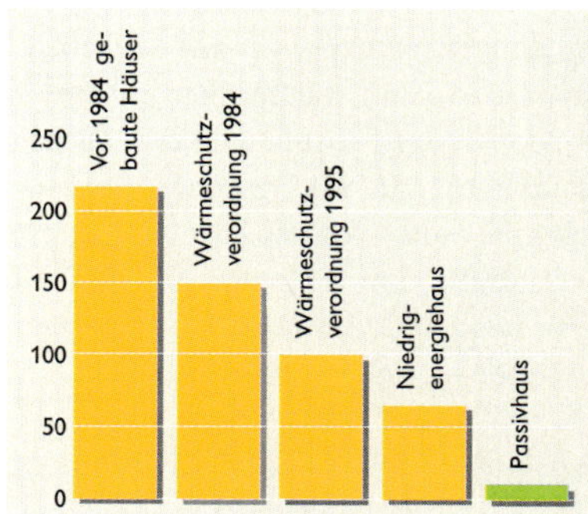

4
Durchschnittlicher Heizenergiebedarf in einem Jahr in kW · h je m²

Das Niedrigenergiehaus. Zur Verringerung der Wärmeabgabe bietet sich eine Vielzahl von Möglichkeiten:

- *Verbesserung der Wärmedämmung der Wände*
  Eine zusätzliche Wärmedämmung verringert die Wärmeabgabe enorm, da dadurch die Wärmeleitung vermindert wird. Auch sollten Leerräume zwischen zwei Wandflächen mit wärmedämmenden Material verfüllt werden, da damit die Wärmeströmung (Konvektion) unterbunden wird (Bild 1).
- *Vermeidung von Wärmebrücken*
  Da Metalle die Wärme meist sehr viel besser leiten als andere Stoffe, sollten Fassadenteile nicht mit Metallstiften befestigt werden, denn diese wirken als Wärmebrücken. Weit besser ist die Befestigung von Wärmedämmplatten mit modernen Hochleistungsklebstoffen.
- *Verwendung von Mehrfachscheiben-Isolierglas*
  Isolierglasfenster bestehen aus mehreren Scheiben, die hintereinander angebracht sind. Der Raum zwischen den Scheiben wird bei der Herstellung ausgepumpt. Es herrscht dann ein so geringer Druck, dass eine stark verminderte Wärmeleitung und nur geringe Wärmeströmung auftreten.

1
Wärmedämmung durch Anbringen spezieller Dämmstoffplatten

Darüber hinaus haben Glasscheiben noch einen weiteren Vorteil: Das sichtbare Licht der Sonne kann nahezu ungehindert hindurchtreten und die Innenräume erwärmen. Die langwellige Wärmestrahlung, die Wände, Möbel und andere Einrichtungsgegenstände abgeben, wird von den Scheiben jedoch reflektiert, sodass die Wärmestrahlung im Haus verbleibt. Dieses Phänomen ist als Treibhauseffekt bekannt (vergl. S. 22). Deshalb führt ein Glasvorbau bei Häusern zu einer zusätzlichen Energieeinsparung, da damit die Sonnenenergie „eingefangen" wird.

Das Passivhaus. Ein Gebäude, das ohne herkömmliches Heizsystem auskommt, wird Passivhaus genannt, da es nur passiv durch die Sonne sowie die Wärmeabgabe von Bewohnern und Geräten erwärmt wird. Voraussetzung ist eine perfektionierte Wärmedämmung und eine winddichte Bauweise, sodass Lüftungswärmeverluste unterbunden werden. Da dennoch ein Luftaustausch notwendig ist, wird die Frischluft über ein Rohrsystem, das im Erdreich verlegt ist, zugeleitet. In diesem so genannten Erdwärmetauscher wird die Frischluft erwärmt, da tief im Boden das ganze Jahr über eine konstante Temperatur zwischen 5 °C und 10 °C herrscht, auch wenn es im Winter über der Erdoberfläche klirrend kalt ist. Dennoch kann die Wärmeleitung durch die Wände nicht vollständig verhindert werden. Deshalb benötigt auch ein Passivhaus eine Energiezufuhr von ca. 15 kW · h je m^2 Wohnfläche im Jahr. Diese thermische Energie wird als Abwärme durch die im Haus lebenden Menschen sowie durch Elektrogeräte, wie z. B. den Kühlschrank, abgegeben (Bilder 2 und 3).

2
Passivhaus, das ohne eigene Heizung auskommt. Gut zu erkennen sind die großflächigen Fenster auf der Sonnenseite.

3
Die Nordseite des Passivhauses hat eine fast geschlossene Fassade mit sehr guter Wärmedämmung.

Wärmepumpen zur Nutzung von Umweltwärme

Von Herdplatten und Kühlschränken. Warum verbrennen wir uns die Hände, wenn wir auf eine heiße Herdplatte fassen? Die Erklärung erscheint logisch: Weil unsere Hand kälter ist als die Herdplatte, geht Wärme von der Herdplatte auf unsere Hand über, die sich dadurch sehr stark erwärmt. Ist der umgekehrte Vorgang nicht auch möglich? Zwar ließe es der Energieerhaltungssatz zu, dass Wärme von unserer kalten Hand auf die heiße Herdplatte fließt, sodass die Hand noch kälter und die Herdplatte noch wärmer wird. Jedoch wurde ein solcher Vorgang in der Natur noch nie beobachtet.

Allerdings gibt es Geräte, die mithilfe elektrischer Energie bewirken, dass Gegenständen Wärme entzogen wird und diese Gegenstände dadurch noch kälter werden. Mithilfe einer Apparatur wird diese Wärme in die warme Umgebung transportiert, die sich dadurch noch weiter erwärmt. Dies nutzt man beispielsweise beim Kühlschrank aus.

Umgekehrt lassen sich ähnliche Geräte auch einsetzen, um Wohnräume ohne Verbrennung von Öl oder Gas zu erwärmen. Obwohl es außerhalb des Hauses kühl oder sogar sehr kalt ist, wird dieser Umgebung Wärme entzogen, die das Hausinnere erwärmen soll. Eine Heizung, die nach diesem „Kühlschrankprinzip“ funktioniert, nennt man Wärmepumpe. Während der Kühlschrank jedoch Wärme von innen nach außen transportiert, soll eine echte Wärmepumpe Wärme von außen nach innen „pumpen“.

Das Prinzip der Wärmepumpe. Halten wir eine nasse Hand in den Wind, so spüren wir eine Abkühlung beim Verdunsten des Wassers: unsere Hand wird kälter. Dieser Entzug von Wärme beim Verdunsten von Flüssigkeiten wird bei einer Wärmepumpe ausgenutzt. Dafür werden im Boden oder durch das Grundwasser Röhren verlegt (Bilder 1 und 2), durch die ein Kältemittel fließt. Diese Flüssigkeit ist so gewählt, dass ihr Siedepunkt unterhalb der Bodentemperatur liegt. Deshalb verdampft diese Flüssigkeit, wenn sie das Röhrensystem im Boden oder Grundwasser durchfließt. Dabei wird der Umgebung Wärme entzogen, genauso wie unseren nassen Händen im Wind. Der Boden oder das Grundwasser werden somit etwas kälter, denn die entzogene Wärme ist jetzt im Kältemittel gespeichert. Eine Pumpe transportiert das Kältemittel ins Hausinnere.

Natürlich soll im Haus die gespeicherte Energie wieder abgegeben werden, um die Räume zu heizen. Dies ist allerdings nicht so einfach, denn das Kältemittel besitzt die niedrige Temperatur des Bodens oder des Grundwassers. Deshalb muss dafür gesorgt werden, dass die Temperatur des Kältemittels höher liegt als die Temperatur der zu beheizenden Wohnung – und zwar ohne dass man zusätzlich weitere Wärme zuführt.

1

Wärmepumpenanlage, die dem Erdreich Wärme entzieht

Temperaturerhöhung ohne Wärmezufuhr. Bei diesem Verfahren läuft ein physikalischer Prozess ab, der dem Aufpumpen eines Fahrradschlauchs ähnelt. Beim Zusammendrücken des Pumpenkörpers steigt die Temperatur der Luft in der Pumpe extrem an. Dies spüren wir an der Erwärmung der Fahrradpumpe. Diese Erwärmung wird durch die Komprimierung der Luft und den damit verbundenen Druckanstieg verursacht.

Bevor das Kältemittel der Wärmepumpe die gespeicherte thermische Energie abgeben kann, muss es deshalb komprimiert, das heißt verdichtet, werden. Dabei steigt die Temperatur des Kältemittels so stark an, dass es wärmer als das Hausinnere wird. Dadurch kann die in Boden oder Grundwasser zugeführte Energie an das Hausinnere abgegeben werden. Beim Einsatz von Niedrigtemperatur-Heizsystemen, in denen die Heizungstemperatur ca. 30 °C bis 40 °C beträgt, können mit 1 kW · h elektrischer Energie etwa 3 kW · h thermischer Energie gepumpt werden.

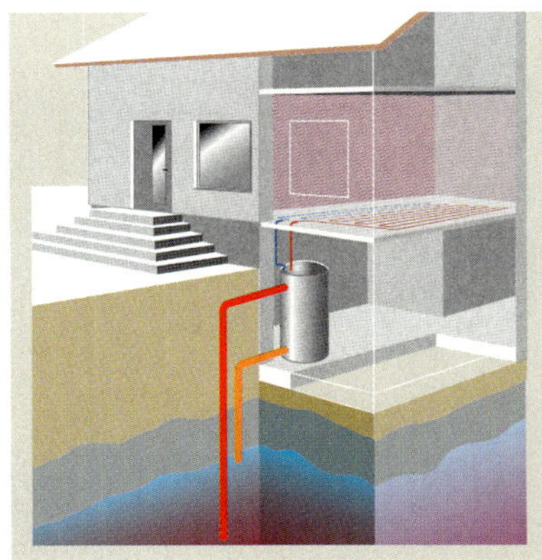

2

Wärmepumpenanlage, die dem Grundwasser Wärme entzieht

Temperaturerniedrigung ohne Wärmeabgabe. Damit das Kältemittel erneut Energie aus dem Erdreich aufnehmen kann, muss seine Temperatur wieder abgesenkt werden. Dies geschieht durch den umgekehrten Prozess: eine schnelle Expansion. Hinter einem Ventil oder dünnen Rohr dehnt sich das Kältemittel schlagartig aus, wobei die Temperatur abnimmt. Und obwohl bei dieser Ausdehnung die Temperatur gesunken ist, hat das Kältemittel keine Energie abgegeben. Nun kann das Kältemittel erneut das Röhrensystem im Boden oder Grundwasser durchströmen. Wieder wird es anfangen zu sieden und verdampft. Aufgrund dessen wird dieses Röhrensystem Verdampfer genannt. Damit ist ein Kreisprozess hergestellt: Ohne Verlust an Kältemittel wird Wärme vom Erdreich in das Hausinnere transportiert und das bereits warme Hausinnere noch weiter erwärmt.
Beim Betrieb der Pumpe als Verdichter wird allerdings elektrische Energie benötigt. Ein Problem ist dabei, dass diese Energie in konventionellen Kraftwerken nur mit einem Wirkungsgrad von etwa 40 % erzeugt wird. Es bietet sich deshalb gerade auch beim Betrieb von Wärmepumpen die Nutzung von Solarzellen an. Nachts müssen die Wohnungen kaum beheizt werden, da die meisten Räume nicht genutzt werden. Und tagsüber liefern die Solarzellen ausreichend elektrischen Strom um die Wärmepumpe umweltfreundlich zu betreiben. Denn Wärmepumpen arbeiten inzwischen so effektiv, dass sie auch in Mitteleuropa eine gute Alternative zu den herkömmlichen Methoden der Gebäudeheizung darstellen. So wird in der Schweiz und in Österreich schon heute annähernd jedes dritte Einfamilienhaus mit Wärmepumpen beheizt.

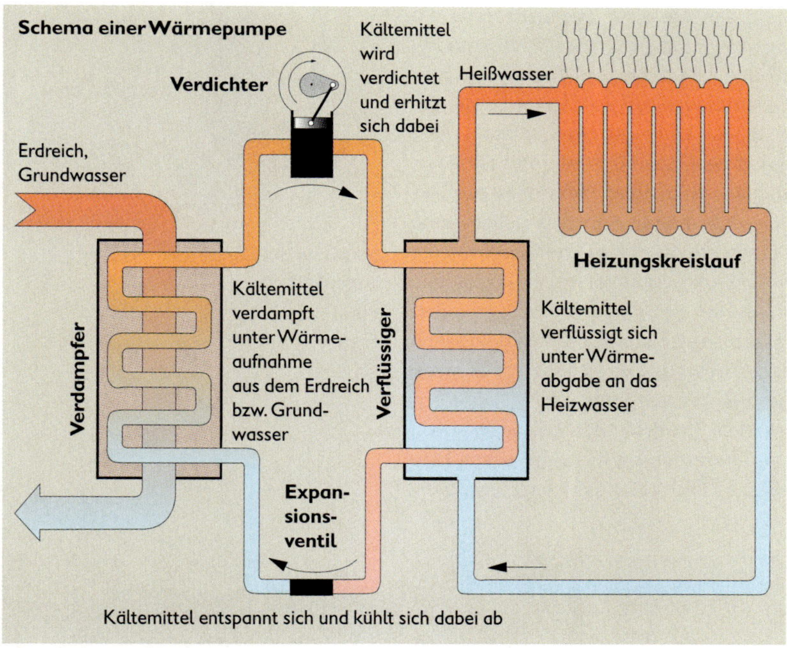

1

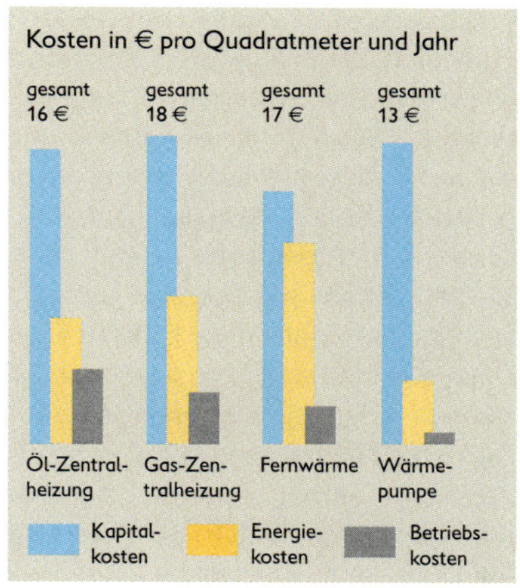

2

Heizkostenvergleich eines freistehenden Einfamilienhauses

Übersicht der Vor- und Nachteile beim Einsatz von Wärmepumpen

Vorteile
- CO_2-Emission ist im Vergleich zu konventioneller Heiztechnik stark verringert.
- Es findet kein Verbrauch fossiler Energieträger statt.
- Wärmepumpen arbeiten sehr effizient bei geringem Heizwärmebedarf

Nachteile
- Wärmepumpen erfordern vergleichsweise hohe Investitionskosten.
- Die verwendeten Kältemittel insbesondere älterer Anlagen sind oft FCKW-haltig.

Wasserstoffwirtschaft – eine Lösung des Energiespeicherproblems

Stromerzeugung durch Brennstoffzellen. Zu Beginn der bemannten Raumfahrt stand man vor dem Problem, die Raumkapseln möglichst effektiv mit elektrischer Energie zu versorgen. Aufgrund ihrer großen Masse war die Mitführung größerer Batterien kaum praktikabel. Deshalb entschied man sich für die Nutzung von Brennstoffzellen.

In Brennstoffzellen reagieren Wasserstoff und Sauerstoff so, dass ein Teil der chemischen Energie dieser Stoffe direkt in elektrische Energie umgewandelt wird. Dabei fällt als Reaktionsprodukt lediglich Wasser an. Deshalb wird die Luft nicht wie bei Verbrennungsmotoren durch Kohlenstoffdioxid und andere Abgase verunreinigt. In Städten und Industriegebieten werden durch die Verbrennung von Kraftstoffen derzeit so viele Schadstoffe produziert, dass unsere Lebensqualität erheblich verschlechtert wird. Darüber hinaus belasten wir unsere Atmosphäre mit einer Reihe von Treibhausgasen, wodurch das Überleben der Menschheit langfristig gefährdet wird. Ein verstärkter Einsatz von Brennstoffzellen zur Energieversorgung könnte hier Abhilfe schaffen.

Funktionsweise von Brennstoffzellen. In Brennstoffzellen wird durch eine elektrochemische Reaktion von Wasserstoff und Sauerstoff eine Ladungstrennung hervorgerufen. Im Gegensatz zur direkten Verbrennung von Wasserstoff und Sauerstoff, die aufgrund der hohen Wärmeentwicklung sehr heftig ist und bei einem Knallgasgemisch explosionsartig verläuft, werden bei einer Brennstoffzelle die H_2-Moleküle durch einen Katalysator in positiv geladene Wasserstoffkerne H^+ (Protonen) und Elektronen e^- zerlegt. Durch eine Membran können dann die Protonen zur Sauerstoffseite wandern und mit dem Sauerstoff zu Wasser reagieren. Aufgrund dieser Wanderbewegung der positiven Ladungsträger entsteht eine elektrische Spannung zwischen der Katode auf der Sauerstoffseite und der Anode auf der Wasserstoffseite, auf der die negativ geladenen Elektronen zurückbleiben. Damit ist ein erstes Teilziel erreicht: Mit dieser Anordnung wird eine Spannung erzeugt, da die Elektronen nicht durch die Membran wandern können. Einen elektrischen Strom kann man nun wie bei jeder anderen Spannungsquelle dadurch erhalten, dass man Katode und Anode elektrisch leitend verbindet. Durch ein Metallkabel wandern dann die Elektronen von der negativ geladenen Wasserstoffseite zur positiv geladenen Sauerstoffseite. Dieser Elektronenstrom steht damit zum Betrieb von elektrischen Geräten zur Verfügung.

Aufgrund der direkten Erzeugung von elektrischem Strom bietet sich eine Fülle von Einsatzmöglichkeiten für Brennstoffzellen an. So werden sie heute bereits in Pkw (Bild 2), Großfahrzeugen wie z. B. Bussen (Bild 3), in Schiffen und zur Energieversorgung von Wohnungsanlagen eingesetzt.

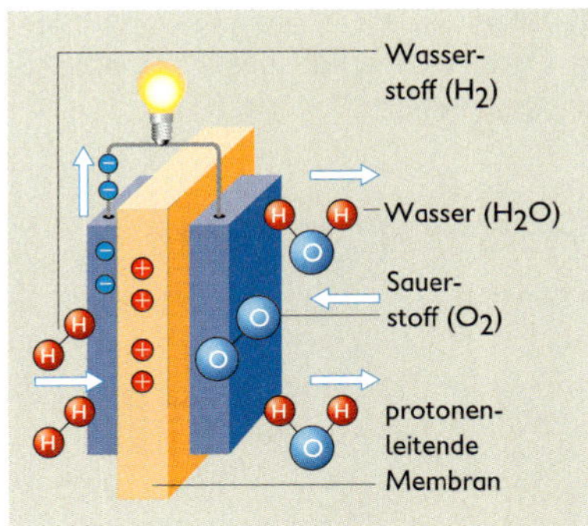

1

Schematische Darstellung einer Brennstoffzelle

2

3

Chemische Vorgänge in der Brennstoffzelle. Die Massenbilanz der Reaktion von Wasserstoff mit Sauerstoff unterscheidet sich nicht von der Reaktion der Knallgasverbrennung, und die Anfangs- und Endprodukte stimmen mit ihr überein. Deshalb entspricht die Energie, die bei der Verbrennung von Wasserstoff und Sauerstoff frei wird, der maximal möglichen elektrischen Energie, die die Brennstoffzelle im Idealfall liefern könnte. Da jedes Wasserstoffmolekül aus zwei Wasserstoffatomen besteht, sind in einem Mol Wasserstoff 2 N_A ($6{,}022 \cdot 10^{23}\ mol^{-1}$) Elektronen enthalten. Insgesamt liegt die theoretische Maximalspannung von Brennstoffzellen bei 1,23 V. Allerdings wird nicht die gesamte freiwerdende Energie in elektrische Energie umgewandelt, da die Wanderbewegung der Ladungsträger auch eine Erwärmung der Brennstoffzelle verursacht.

1

„Minikraftwerk" zur Versorgung von Mehrfamilienhäusern

Reaktionen in der Brennstoffzelle

Anode (Wasserstoffzufuhr):	$2\ H_2$	$\longrightarrow$	$4\ H^+ + 4\ e^-$
	Wanderung durch die Membran	Stromfluss durch das Kabel	
Katode (Sauerstoffzufuhr):	$O_2 + 4\ H^+ + 4\ e^-$	$\longrightarrow$	$2\ H_2O$
Gesamtbilanz:	$2\ H_2 + O_2$	$\longrightarrow$	$2\ H_2O$

Moderne Brennstoffzellen haben einen Wirkungsgrad von über 80 %. Dabei kommen nicht nur Membran-Brennstoffzellen, die aufgrund ihrer hohen Leistungsdichte in so genannten Null-Emissions-Autos verwendet werden, zum Einsatz. In Kraftwerken werden Hochtemperatur-Brennstoffzellen erprobt, die bereits heute mit einem elektrischen Wirkungsgrad von bis zu 70 % herkömmlichen Kraftwerken überlegen sind. Auch in Haushalten ist der Einsatz von Brennstoffzellen sinnvoll, da neben der Bereitstellung von elektrischer Energie die Nutzung der Abwärme für die Warmwasserversorgung erfolgt (Bild 1).

Probleme des emissionsfreien Betriebs. Prinzipiell gibt es zwei Möglichkeiten, Wasserstoffautos zu bauen:

1) In einem Verbrennungsmotor reagieren Wasserstoff mit Sauerstoff explosionsartig zu Wasser.
2) Ein Elektromotor wird mit der elektrischen Energie betrieben, die durch die Reaktion von Wasserstoff und Sauerstoff in einer Brennstoffzelle zur Verfügung gestellt wird.

Der Umgang mit Wasserstoff ist jedoch nicht ungefährlich, da Wasserstoff mit Luft explosive Gemische bildet. Darüber hinaus diffundieren die Wasserstoffmoleküle zum Teil durch Behälterwände, sodass ein Wasserstofftank sich im Laufe der Zeit selbst entleert. Deshalb verwendet man oft eine Zweistufentechnik, bei der Wasserstoff in der Brennstoffzellen-Anlage im ersten Schritt aus Erdgas hergestellt wird. In so genannten Reformern findet dabei zum Beispiel die Umwandlung von Methan, einem der Hauptbestandteile von Erdgas, zu Wasserstoff statt:

$$CH_4 + H_2O \longrightarrow 3\ H_2 + CO$$

Neben Wasserstoff entsteht allerdings auch Kohlenstoffmonooxid, sodass diese Technik nicht vollständig abgasfrei arbeitet. Sie ist dennoch um ein Vielfaches sauberer als die heute eingesetzten Verbrennungsmotoren, sodass durch diese Anlagen selbst strenge Abgasnormen erfüllt werden.

Energiesparen im Verkehr

Das auch in Deutschland weiterhin steigende Verkehrsaufkommen führt nicht nur zu immer höheren Kosten, sondern belastet durch Stickstoffoxide, andere Verbrennungsprodukte und Lärm auch die Umwelt enorm. Ein Umdenken in der Verkehrspolitik ist notwendig.
Um jedoch die Mobilität unserer Gesellschaft zu erhalten, werden zukünftig Busse und Bahnen im öffentlichen Nahverkehr und Züge im Fernverkehr einen größeren Anteil am Personentransport übernehmen müssen.
Dennoch lässt sich der individuelle Autoverkehr nicht ersetzen. Umso wichtiger ist es, Fahrzeuge zu entwickeln, die umweltschonend und energiesparend zu betreiben sind.

Kombinationsfahrzeuge mit Motorunterstützung. Als umweltfreundlichste Art der Fortbewegung nutzt der Mensch seit Anbeginn seine eigene Muskelkraft. Beim Fahrradfahren setzt er jedoch die Beinmuskulatur weit wirkungsvoller ein als beim Gehen, und lediglich bei steilen Anstiegen oder starkem Gegenwind sind Fahrräder ungeeignet. Um diese Nachteile auszugleichen, haben Ingenieure Fahrzeuge entwickelt, die weiterhin die menschliche Muskelkraft als Primärantrieb nutzen. Zusätzlich unterstützt wird der Fahrer oder die Fahrerin dabei von einem elektrischen Hilfsmotor, der umso weniger leisten muss, je mehr selbst in die Pedale getreten wird. Erbringt dieser Motor zum Beispiel eine Leistung von 300 W, kann eine aktive Fahrerin, die selbst mit einer Leistung von 200 W beiträgt, zwei Drittel der Motorleistung ersetzen. Je sportlicher die Fahrerinnen und Fahrer also sind, desto umweltschonender fahren sie (Bild 1).
Speziell für den Stadtverkehr wurden auch Fahrzeuge entwickelt, die nach dem gleichen Prinzip arbeiten. Mit einem geringen Leergewicht können sie mithilfe des elektrischen Zusatzmotors Passagiere und Nutzlasten von über 200 kg befördern (Bild 2). Hochrechnungen haben ergeben, dass ungefähr 30 % der durchschnittlichen Leistung von den Nutzern aufgebracht wird.

1

Das schweizer Powerbike „Flyer" bietet bis zu Geschwindigkeiten von 35 km/h Unterstützung durch einen Elektromotor.

Fahrzeug	Energieeinsatz und Benzinverbrauch für eine Fahrstrecke von 100 km	
älterer Pkw	36 kW · h	12 l Benzin
Pkw aktueller Bauart	21 kW · h	7 l Benzin
Leichtbau-Elektrofahrzeug	11 kW · h	3,7 l Benzin*
1,5-Liter-Auto	4,5 kW · h	1,5 l Benzin
Kombiauto mit Zusatzmotor	2,1 kW · h	0,7 l Benzin*
Fahrrad mit Elektromotor	1,2 kW · h	0,4 l Benzin*
Fahrrad	0 kW · h	kein Benzin

Übersicht über den Energiebedarf verschiedener Fahrzeuge.
* Die Werte sind theoretisch berechnet. Man erhält sie, indem man sich den Elektromotor durch einen Verbrennungsmotor ersetzt denkt.

2

Kombifahrzeug TWIKE mit Pedalantrieb und Zusatzmotor

Weiterentwicklung der Fahrzeugtechnik. Seit der Konstruktion der ersten Automobile durch *Carl Friedrich Benz* und *Gottlieb Daimler* im Jahre 1886 wurden bei der Entwicklung neuer Fahrzeugtypen immer leistungsstärkere Motoren entworfen. Dadurch stieg der Benzinverbrauch der Autos weiter und weiter an. Auf einen energiesparenden Kraftstoffeinsatz wurde lange Zeit nicht geachtet. Erst mit der Ölkrise im Jahr 1973, als die Ölförderländer aufgrund des Nahost-Krieges ein Ölembargo verhängten, bildete sich ein Bewusstsein für den sparsamen Umgang mit Energie. Denn nun wurden Kraftstoffe knapp, es mussten sogar Fahrverbote für Pkw verhängt werden. Dies führte dazu, dass bei der Neuentwicklung von Motoren auch der Aspekt eines sparsamen Umgangs mit Energie berücksichtigt wurde.

3

Straßenmaler auf leerer Autobahn während der Ölkrise im Jahr 1973

Das 1,5-Liter-Auto. Bereits heute gibt es Autotypen, die für eine Fahrstrecke von 100 km weniger als 3 Liter Kraftstoff benötigen. Das Ziel der Autofirmen ist jedoch, ein Auto zu konstruieren, das mit einem Verbrauch von 1,5 Litern Kraftstoff für eine Strecke von 100 km auskommt. Dieser Wert lässt sich nur dann erreichen, wenn der Wagen optimal konstruiert wird und folgende Gesichtspunkte berücksichtigt werden:

- *Minimaler Luftwiderstand:* Durch eine aerodynamische Formgebung kann der Luftwiderstand von Fahrzeugen verringert werden. Die ideale Gestaltung wäre in Tropfenform, da dann der Luftwiderstandskoeffizient am geringsten ist. Eine aerodynamisch günstige Gestaltung der Autokarosserie kann z. B. dann erreicht werden, wenn die Passagiere Rücken an Rücken sitzen (Bild 1).
- *Geringe Masse:* Je geringer die Masse eines Fahrzeuges ist, desto weniger Energie benötigt es bei Beschleunigungsvorgängen. Deshalb wird ein energiesparendes Fahrzeug aus leichten Materialien gebaut werden. Dabei bieten sich insbesondere Kunststoffe oder Aluminium an.
- *Fahrwerk:* Eine optimale Masseverteilung durch den Einbau des Motors in der Wagenmitte führt nicht nur zu einer guten Kurvenlage, sondern macht auch eine energiesparende Fahrweise möglich, die durch einen tiefliegenden Schwerpunkt unterstützt wird.
- *Höchstgeschwindigkeit:* Rasende Autofahrer kommen nicht schneller ans Ziel, sondern gar nicht. Denn oft wird ein geringer Vorsprung, der durch eine rücksichtslose Fahrweise erzielt wird, nicht nur an der nächsten roten Ampel wieder verloren sein. Auch die Gefahr eines tödlichen Unfalls steigt mit zunehmender Geschwindigkeit drastisch an. Deshalb wird ein umweltfreundliches Auto zum Schutz der Insassen auch nur eine begrenzte Höchstgeschwindigkeit zulassen.

In dem in Bild 1 dargestellten Projekt wurden diese Überlegungen konsequent umgesetzt. Der Strömungswiderstand wurde so optimiert, dass er geringer ist als der moderner Rennwagen. Bei einer Leermasse von nur 430 kg schafft es das Auto, mit einer einzigen Tankfüllung (38 l) 2 500 km weit zu fahren.

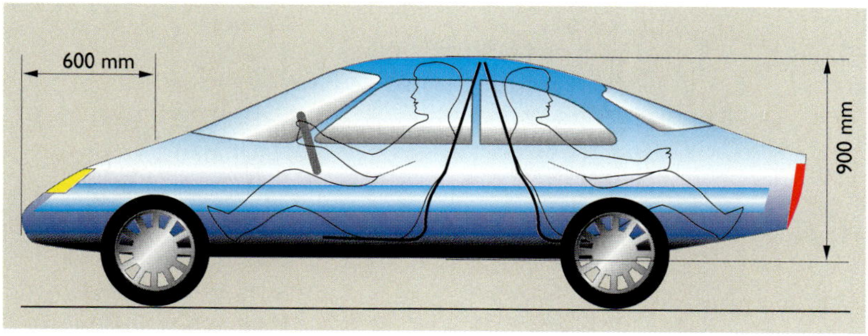

1

Innovative Ideen entwickeln. Niemand weiß heute, ob zukünftig nicht neue Ideen beim Fahrzeugbau verwirklicht werden, denn die Nachteile von Verbrennungsmotoren, wie sie seit über 100 Jahren eingesetzt werden, sind enorm. Vielleicht werden einmal druckluftbetriebene Autos auf unseren Straßen rollen. Solche Fahrzeuge könnten mithilfe eines elektrisch betriebenen Kompressors mit Außenluft und zusätzlich eingespritzter Pressluft fahren. Es wird dafür gesorgt, dass beim Abbremsen des Fahrzeugs dem Pressluftkreislauf wieder Energie zugeführt wird.
Vielleicht gibt es auch Antriebsalternativen, an die heute niemand denkt.
Es ist die Aufgabe von zukünftigen Wissenschaftlern, Ingenieuren und Technikern, Verbesserungen zu erproben und neuartige Konzepte zu entwerfen. Und es ist vor allem die Aufgabe dieser Forscherinnen und Forscher, neue Ideen zu haben und zu verwirklichen. Und was noch wichtiger ist: diese zukünftigen Forscher werdet auch ihr, die Leserinnen und Leser dieses Buches, sein!

Register

Quellenverzeichnis der Abbildungen

Amerikanische Botschaft, Berlin: 8/2; argus/Gipe: Innentitel; argus/Klein/Hubert: 37/4; argus/Schytte: 23/1; BAM, Berlin: 56/3; Bavaria Bildagentur GmbH, München: 10/1; Beiersdorf AG (IKW): 55/3; BKTech AG, Kirchberg (CH): 62/2; DaimlerChrysler AG, Stuttgart: 60/2; Deutsche Aerospace Solartechnik, Wedel: 18/2; Döring, V., Hohen Neuendorf: 7/3, 11/2, 25/1, 29/1, 29/2, 32/1, 35/3, 39/1, 39/2, 39/3, 40/1, 40/2, 44/1, 45/4, 47/1, 48/2, 50/1, 52/1, 54/1, 54/4; DURACELL® GmbH, Köln: 7/2; EdF, Paris: 34/3; EnBW Ingenieure GmbH: 37/5; ENERCON GmbH, Aurich: 36/2, 37/1; Gordon Welters/spot: 16/2; Hebel AG, Fürstenfeldbruck: 57/1; Hebel Haus GmbH, Alzenau: 57/2, 57/3; Heinzel, K., Berlin: 24/3, 38/1; HEW AG, Hamburg: 7/1; IZE, Frankfurt/Main: 23/2, 24/1; Kraftwerk Isar GmbH, Essenbach: 15/2; KWU, Erlangen: 8/1; Lipp GmbH, Tannhausen: 49/2; Löffler, R., Dinkelsbühl: 53/1, 53/2; MAN-Nutzfahrzeuge: 60/3; NASA: 25/3, 29/4; NaturEnergie AG, Grenzach-Wyhlen: 32/2; Nemec, G., Freiburg: Titelfoto (Einklinker); OSRAM, München: 55/1; Preisig, H., Sion (CH): 30/1; Preussen Elektra, Hannover: 4/1; Rheinbraun AG, Köln: 10/2; Sandia National Laboratories: 24/2; SAVE-BILD, Augsburg: 56/1; Siemens-Pressebild, München: 26/1, 27/2, 29/3, 33/1, 55/2; Superbild, Internationale Bildagentur, Berlin: 38/2; Theuerkauf, H.; 41/2, 43/3, 48/1; Transglobe Agency, Hamburg: 4/2; Twike-Klub Schweiz: 62/2; Ufop, Bonn: 50/2, 50/3; Ullstein Bild, Berlin: 62/3; Vaillant GmbH, Remscheid: 61/1; VEAG, Berlin: 13/1; zefa/Raga, J.: 56/2; zefa/Stephen, G.: 41/1; Alle übrigen Fotos: Archiv VWV.